VOYAGES

D'UN

HYDROSCOPE

OU

L'ART DE DÉCOUVRIR LES SOURCES

PAR F. AMY

Avec une préface de M. A. S., ancien représentant.

PARIS
A LA LIBRAIRIE ENGYCLOPÉDIQUE DE RORET
12, RUE HAUTEFEUILLE, 12

1861

VOYAGES D'UN HYDROSCOPE

SÈVRES. — TYP. ET LITH. DE L. LEFÈVRE ET Cie.

VOYAGES

D'UN

HYDROSCOPE

OU

L'ART DE DÉCOUVRIR LES SOURCES

PAR F. AMY

Avec une préface de M. A. S., ancien représentant.

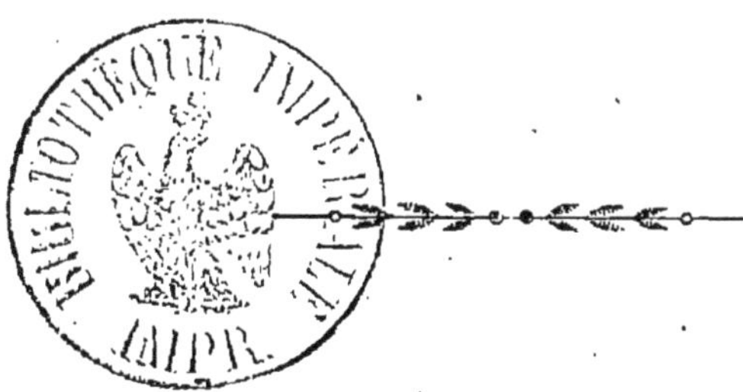

PARIS
A LA LIBRAIRIE ENCYCLOPÉDIQUE DE RORET
12, RUE HAUTEFEUILLE, 12

1861

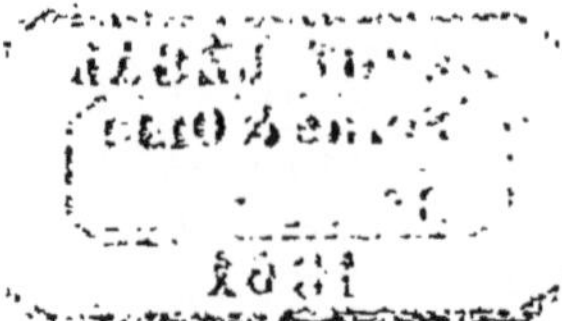

VOYAGES

[illegible]

HYDROSCOPE

[illegible]

L'ART DE DÉCOUVRIR LES SOURCES

[illegible]

[illegible]

PARIS

[illegible]

[illegible]

[illegible]

PRÉFACE

L'auteur de ce livre, dont je ne suis que l'humble traducteur, est un homme simple, d'une nature vigoureuse, qui provoque la sympathie par l'expression pleine de douceur de son regard et de son sourire.

La rusticité de ses manières et de son langage a dû souvent effaroucher la confiance et faire douter de la science qu'il s'attribuait. Cette simplicité de formes rendait plus pittoresque la sagacité pénétrante de cet esprit inculte, mais intelligent. Aussi les hommes les plus distingués par leur éducation et leurs lumières, les plus grands personnages, fonctionnaires, magistrats, — et l'Empereur lui-même, — n'ont pas refusé leur confiance à ce pauvre homme de talent, que recommandait seul le peu de bruit qui précédait son nom.

La première fois qu'il vint me trouver, pour m'engager à entrer en collaboration avec lui dans la rédaction de ce livre, je ne le connaissais point; c'est-à-dire je ne l'avais jamais vu. J'ignorais de quels éléments il pourrait se servir, sur quelle base il pourrait s'appuyer pour donner une formule, une expression à son idée. J'ignorais tout : la science de l'architecte et la valeur de l'édifice à entreprendre.

Cependant j'acceptai sans hésiter la mission qu'il voulait bien me confier. Je ne devais pas être plus défiant à son égard que tant de hautes intelligences, tant d'esprits éclairés, qui l'avaient mis à l'épreuve et ne s'en étaient point repentis. — De nombreux témoignages, signés de noms illustres, étaient entre mes mains.

Puis, en pressant la substance de son idée, en la suivant dans ses développements, ses progrès, ses déductions, je parvins à la comprendre et à en trouver l'expression.

F. Amy, dévoué à l'étude et surtout à la pratique d'un art aussi peu connu, lui a consacré sa vie tout entière. Doué d'un tempérament robuste, habitué à une sobriété exemplaire, aucune fatigue, aucune privation ne l'a jamais rebuté, dans le cours de ses aventureuses pérégrinations. Et cependant ce n'était pas la fortune qu'il cherchait. Beaucoup d'autres auraient trouvé une mine d'or dans l'exploitation de son idée, qui n'a été pour lui qu'une cause de ruine. Combien de propriétaires, d'industriels, de populations se sont enrichis du résultat de ses découvertes. Comme ce résultat seul lui donnait droit à une récompense, les travaux nécessaires pour l'obtenir étant souvent ajournés pour une cause ou pour une autre, — il partait, et n'entendait plus parler de ses découvertes. On profitait du bienfait, mais on oubliait le bienfaiteur absent, dupe de sa confiance et de sa loyauté.

Tant de services immenses, tant de travaux féconds, tant de dévouement et de désintéressement resteraient-ils sans récompense?

Arrivé à la fin de sa carrière, père d'une nombreuse famille, élevée par ses soins, F. Amy veut encore être utile à ses concitoyens, en leur révélant son secret, en leur enseignant les éléments de la science qu'il a acquise par une longue expérience. Espère-t-il au moins que les pouvoirs publics ne dédaigneront pas de récompenser les services et les bienfaits qu'il a si généreusement prodigués et semés sur ses pas? Non ; cette idée, cette espérance est loin de lui. Trop souvent, en effet, ces obscurs et humbles inventeurs, qui ont enrichi la science et doté leur pays d'un instrument nouveau de progrès et de bien-être, succombent victimes de la misère.

Pour moi, c'est avec bonheur que j'ai pu m'associer à une œuvre éminemment humaine; que j'ai pu concourir à propager une idée féconde en progrès et en bienfaits.

Maintenant que j'ai fait connaître l'homme, l'auteur de cet ouvrage, parlons de son idée, de sa découverte.

Ce n'est point, comme on pourrait le supposer, une théorie hasardée, enfantée dans le silence du cabinet par quelque savant en *us*, ou compilée à force de mémoires académiques. — C'est tout simplement le fruit d'une longue étude pratique, le fruit de quinze années d'expériences et d'explorations pénibles à travers la France, la Suisse et la Savoie.

C'est un récit, clair et concis, de faits authentiques, recueillis en des lieux divers, sous des climats et des zones contraires, constatés par des pièces officielles et garantis par des témoignages signés.

On le sait, pour les hommes, les animaux

et les plantes, l'eau est une des premières conditions, un des principaux éléments de l'existence. Où l'eau manque, la vie est absente.

Combien de populations, dans les plaines et dans les montagnes, souffrent de la privation de l'eau, surtout pendant les longues sécheresses de l'été? Combien vont chercher au loin quelques litres d'une eau bourbeuse, pour s'abreuver ainsi que leur bétail! Que de fabriques et d'usines réduites à chômer pendant une partie de l'année! Que de terrains stérilisés par l'absence de l'eau!

Cependant on peut dire que l'eau se trouve presque partout sous nos pieds. Il s'agit de la découvrir, de l'arracher aux retraites souterraines où elle circule et de l'amener à la surface du sol.

La science s'est depuis longtemps occupée de ce problème; mais jusqu'à ce jour elle n'a fourni aucun résultat satisfaisant, aucune donnée certaine. Et cependant notre époque est féconde en progrès et en découvertes utiles. Mais la science de l'hydroscope est restée en arrière de toutes les autres. Abandonnée d'abord à la *baguette divinatoire*, il a fallu que l'abbé Paramelle, un pauvre curé de campagne, vînt la tirer du mépris où elle était tombée; et après la retraite de l'abbé, c'est un vigneron franc-comtois qui ose reprendre les errements de cette infortunée science.

Singulières vicissitudes!

Ainsi, grâce aux académies et aux savants, nous savons ce qui se passe dans les profondeurs du ciel ; mais nous ignorons ce qui circule, à quelques mètres, sous nos pieds; nous suivons le cours des soleils et des mondes dans l'espace, mais nous ne connaissons point les sources où l'eau qui tombe chaque jour va se réunir; nous nous sommes emparés de la vapeur et de l'électricité, et le moindre filet d'eau échappe à nos recherches et à notre soif. Là, des marais, au sol inculte, ne produisant que des exhalaisons malfaisantes ; ici d'immenses déserts de sables brûlants et altérés; ailleurs des inondations soudaines, terribles, c'est-à-dire la dévastation, la ruine.

Et la cause, la cause générale, — c'est l'eau, — surabondante ou absente.

Or, trouver un moyen de la découvrir, de la conduire, de l'employer à la fécondité du sol, à la prospérité de l'industrie, ou bien l'empêcher de nuire en lui ouvrant de nouvelles voies, n'est-ce pas rendre un vrai service à l'humanité?

Tel est le but que s'est proposé l'auteur de cet ouvrage. Je n'affirmerai pas qu'il l'a complétement atteint; mais je reste convaincu que l'enseignement de la méthode qu'il a pratiquée avec des succès sans nombre, éclaire le chemin qui mène à ce but. C'est un témoignage dont on ne peut méconnaître la valeur. Il a toute l'autorité du *fait*, et le *fait* ne se discute pas. Dans la science, il prend sa place en conquérant, surtout quand ce n'est point un fait isolé, mais renouvelé et vérifié chaque jour, pendant de longues années, et à l'aide de moyens simples, faciles à expliquer et à comprendre.

L'auteur croit, et je crois avec lui que l'étude de son livre, la pratique de son système doivent conduire tout esprit intelligent au même résultat et aux mêmes succès qu'il a obtenus lui-même. Sans doute, il est important de posséder les éléments de la géologie pour pouvoir apprécier la configuration du sol, les couches diverses dont se compose le terrain, la nature de la végétation ; puis, ajoutez une certaine aptitude qui s'acquiert par l'observation. Ces conditions, nécessaires pour la recherche scientifique de l'eau, ne sont point si difficiles à réunir.

Peut-être F. Amy les possédait-il plus particulièrement.

Cependant, comme cette *spécialité* n'est pas un don surnaturel, qu'il n'y a rien de magique ni de merveilleux dans ses procédés, uniquement fondés sur l'étude des lois et des phénomènes de la nature, de ses révélations les plus manifestes, les plus visibles, il n'est personne qui ne puisse aussi bien que lui surprendre les secrets de la nature, surtout avec l'aide de son expérience et de son enseignement.

Nous prévenons le lecteur que ce livre

n'a rien de commun avec celui que l'abbé Paramelle a publié, il y a quelques années, sur le même sujet.

L'abbé Paramelle a écrit une théorie plus particulièrement destinée aux savants. Il développe longuement les opinions des anciens et des modernes sur les causes et la formation des sources. On y chercherait vainement une conclusion positive, pratique.

Il est universellement admis que ce sont les eaux de pluie qui forment les sources. Ce qu'il importe de connaître, ce ne sont pas les causes qui président à leur naissance, mais bien plutôt les moyens de les découvrir et d'en profiter, soit pour les employer, soit pour les éloigner. Telle est l'idée fondamentale qui a guidé M. Amy; c'est le problème dont il a cherché et dont il croit avoir trouvé la solution.

Si F. Amy n'avait eu rien de plus et de mieux à dire que l'abbé Paramelle, il aurait sans aucun doute gardé le silence. Mais il prétend, avec raison, je le crois, marcher au même but par des voies et des moyens plus sûrs. Le public, juge compétent, appréciera.

Toutefois, Amy rend justice à l'abbé Paramelle, en déclarant que c'est lui qui a développé l'idée dont il ne possédait que le germe. Il l'a vu opérer dans son village : il l'a observé, il l'a compris ; il a même reconnu qu'il pouvait se tromper. Une fois maître de son secret, il a pu marcher avec ses propres forces et se frayer des voies nouvelles.

L'abbé Paramelle avoue, avec une bonne foi qu'on ne saurait trop louer, que son procédé n'est pas parfait et que d'autres pourront venir après lui pour le perfectionner. — Amy se présente comme un de ceux-là ; ce n'est point un novice qui débute et sollicite de ses juges un brevet, mais un praticien éprouvé par des années d'exercices et d'expériences.

Dans une cour, dans un jardin, dans une cave, au milieu des prairies ou des bois, dans les vignes, dans la plaine comme au sommet des montagnes les plus élevées, partout il opère hardiment ; tout terrain lui est bon pour ses études pratiques ; tous répondent à ses questions et lui fournissent le résultat qu'il sollicite. Chaque fait porte son caractère particulier ; aucun ne se ressemble. Cependant l'uniformité, la monotonie étaient l'écueil à éviter dans une œuvre de ce genre. Je crois que cette difficulté ne pouvait être plus heureusement surmontée.

Comme il n'a gardé aucune note sur ses explorations et ses recherches, et que c'est dans ses souvenirs seuls qu'il a puisé les éléments de cet ouvrage, il est possible qu'il renferme quelques inexactitudes sur des chiffres, des noms d'hommes ou de lieux. Car il ne possède pour tout fruit de ses rudes travaux qu'un certain nombre de certificats et de lettres, attestant ses découvertes et ses succès, mais qui sont loin d'être en rapport avec les résultats obtenus.

Après ces explications préliminaires, qui m'ont paru nécessaires à la complète intelligence de cet ouvrage, nous allons, avec Amy, recommencer le cours de ses voyages : c'est lui-même qui va parler.

A. S.,
ancien représentant.

Décembre 1860.

VOYAGES

D'UN HYDROSCOPE

OU

L'ART DE DÉCOUVRIR LES SOURCES

En 1846, l'abbé Paramelle, alors fort connu pour son habileté dans l'art de découvrir les sources, parcourait le département du Jura pour se mettre à la disposition des populations qui avaient besoin de lui.

Il fut appelé, au mois d'avril, dans la commune de Pannessières, que j'habitais. Le maire réunit les membres du conseil municipal, dont je faisais partie, pour accompagner l'abbé dans ses recherches sur le territoire de la commune.

Après quelques minutes de chemin, l'abbé, que je suivais, s'arrêta sur un point où il nous annonça l'existence d'une source; plus loin, il en annonça une autre. Quatre sources furent ainsi désignées par lui pour la commune, indépendamment d'une autre qu'il indiqua à un particulier.

Cette exploration, faite sur un terrain que je connaissais si bien, suffit pour féconder le germe de l'idée que je possédais déjà ; car, depuis plus de vingt ans, je m'occupais d'assainir les terres par les moyens recommandés aujourd'hui sous le nom de *drainage*. — Je pourrai dire quelques mots sur cette question.

J'avais déjà remarqué les différentes couches de terrain, leur profondeur respective, les situations où les eaux se rencontrent, les plantes qu'elles nourrissent de préférence, etc. Aussi, après le départ de l'abbé Paramelle, je concentrai toutes les forces de mon intelligence sur l'idée qu'il avait éclairée sans s'en douter. Je compris que l'étude des terrains et de la configuration du sol, que l'habitude lui avait rendu familière, servait de base à ses recherches et à ses découvertes. Mais je m'aperçus que son investigation était renfermée dans de certaines limites que je crus pouvoir franchir pour trouver des auxiliaires que l'abbé ne soupçonnait point. Je communiquai ma pensée à quelques personnes de la commune, affirmant que j'espérais réussir aussi bien que l'abbé Paramelle dans la découverte des sources. Ces prétentions inspirèrent sans doute peu de confiance ; il était nécessaire de les justifier par des tentatives couronnées de succès.

L'occasion que je désirais ne tarda pas à se présenter. Les habitants d'une commune voisine, Saint-Germain-lès-Arlay, manquant d'eau pour alimenter leurs fontaines, se décidèrent à me faire appeler et à mettre à l'épreuve la science que je m'attribuais.

Arrivé sur ce territoire, j'examinai le terrain qui environnait les habitations. De mes observations je conclus que je pouvais désigner une place où l'eau devait se trouver à sept ou huit pieds de profondeur au plus. On se mit à l'œuvre le lendemain et l'eau se rencontra à peu près à la profondeur que j'avais indiquée.

Maintenant il importe de faire connaître la manière dont je procédais. — Cette source était située dans un pré, sur une pente légère, où je remarquai dans un cercle limité (c'était à l'époque où la végétation commençait) un endroit marécageux; la nature de la végétation était toute différente de celle qui se trouvait ailleurs. C'était une espèce de joncs et d'autres plantes qui aiment l'eau. A mes questions on répondit que chaque année cette végétation aquatique reparaissait invariablement. Dès lors, je n'hésitai point à croire qu'au-dessous du sol l'eau devait circuler peu profondément pour entretenir cette végétation qui lui appartient en propre. Le résultat prouva que je ne me trompais point.

Le bruit de cette découverte se répandit bientôt, d'abord dans les villages circonvoisins, et plus tard dans les départements limitrophes. Quelques jours après, je fus appelé près de Lons-le-Saulnier par un propriétaire qui avait besoin d'une source pour irriguer son pré; j'opérai de même, et je fus assez heureux pour trouver une source suffisante à l'irrigation.

Là, je remarquai un endroit où l'herbe poussait épaisse et drue plus qu'ailleurs, quoiqu'elle fût de même nature. Elle était si épaisse que le foin versait chaque année; ce qui étonnait fort le propriétaire qui se livrait à toutes sortes de suppositions pour s'expliquer ce phénomène. Nous commençâmes à rencontrer l'eau à deux mètres de profondeur; on creusa encore jusqu'à quatre mètres; puis on combla le puits avec des pierres et l'eau monta de manière à former un ruisseau qu'on put diriger à volonté.

Observons en passant, sauf à y revenir, que si la végétation que l'eau arrose et entretient est une herbe bonne et salutaire, on peut être assuré de la bonne qualité de l'eau. Si au contraire cette végétation ne se compose que de roseaux et d'autres plantes marécageuses, l'eau ne vaut rien pour la boisson.

Autre observation : plus un plateau a de largeur, plus la source est abondante. La couche de terre végétale mesure ordinairement un mètre cinquante centimètres ; au-dessous on trouve une couche de sable ou de gravier, de deux mètres environs, suivant l'élévation des côteaux voisins qui renouvellent et accumulent la couche végétale; enfin plus bas on rencontre le lit de glaise compacte qui arrête toutes les eaux souterraines. Ces principes admis, il est facile de comprendre que plus la végétation est forte, riche, moins la source est profonde.

Du reste, dans le cours de ces pages, je développerai toutes ces questions importantes; chaque fait que je citerai portera avec lui sa démonstration. Procédant moi-même du connu à l'inconnu, je m'éclairais, je me fortifiais de toutes les espérances que je pratiquais successivement. Je débutais avec toute la timidité d'un novice à ces premiers examens; j'avais une peur horrible de me tromper, aussi je mettais tous mes soins, j'appliquais toute mon attention dans ces premières entreprises.

Ces tentatives heureuses, racontées par un journal du chef-lieu du département du Jura, m'attirèrent un grand nombre de demandes.

Je commençai le cours de mes voyages en me dirigeant du côté de Saint-Claude, pays de montagnes, dont plusieurs communes m'avaient appelé. C'était vers l'année 1847. Malheureusement ma mémoire a conservé peu de détails et de renseignements sur mes opérations, à cette époque éloignée. Je prévoyais peu alors que j'aurais plus tard des confidences à faire sur mes travaux et qu'ils pourraient offrir un enseignement au public.

Je passerai donc rapidement sur ces premières explorations qui ne me rappellent guère que des noms de lieux; quoique mes certificats constatent les découvertes, il n'en font connaître que les résultats positifs, car je me gardais bien alors de révéler mon secret.

A Montrevel, je trouvai une source au milieu d'une montagne aride, privée de toute végétation, et cependant dans un lieu marécageux où les pierres étaient toujours humides.

A Matafelon (Ain), je rencontrai une source sur une pente rapide, au milieu d'un bois. La mousse seule verdissait sur ce point où les arbrisseaux ne pouvaient croître.

Je parcourus toutes les crêtes des hautes montagnes, depuis les Rousses jusqu'à Nantua, où un journal avait annoncé mon arrivée. Je m'arrêtai presqu'à chaque pas, avec des succès variés, constatés par de nombreux certificats.

Voici un fait datant de cette époque et sur lequel j'ai pu rassembler mes souvenirs :

Le village de Veysia, près d'Oyonnax, arrondissement de Nantua, est placé sur une élévation dominée par un petit mamelon. En hiver il tombe beaucoup de neige dans cette région, et le bétail, ne pouvant plus aller au pâturage, n'avait point d'eau pour s'abreuver. Les propriétaires étaient forcés d'aller, à une grande distance, pour s'approvisionner de l'eau qui leur était nécessaire.

Appelé sur les lieux pour chercher un moyen de leur en procurer, je reconnus de suite qu'il n'y avait pas deux côtés à visiter ; je me dirigeai tout droit vers le mamelon qui dominait le village, j'avisai une place où je trouvai tous les indices qui annoncent la présence de l'eau à une certaine profondeur ; je marquai l'endroit et je notai la profondeur de la source. Les travaux de recherche se firent immédiatement. On trouva l'eau, et je fus mandé de nouveau pour diriger les travaux, afin de l'utiliser convenablement. Je traçai moi-même la ligne où devait se creuser le fossé d'écoulement, pour placer les conduits, en recommandant surtout de creuser ce fossé de trente à trente-cinq centimètres au-dessous du niveau où l'eau apparaissait, parce qu'on n'avait pas encore atteint le terrain solide, imperméable ; l'eau circulant encore au milieu d'un gravier maigre, la glaise ne pouvait pas être très-éloignée.

Pour être sûr de recueillir toute l'eau d'une source, il faut pénétrer jusqu'à la couche de glaise qui, selon les savants, enveloppe le globe tout entier, arrête l'eau à sa surface, l'empêche de descendre plus profondément et, par ses ondulations, la concentre en filets, en ruisseaux et la force quelquefois à jaillir à la surface du sol. C'est un principe généralement adopté par tous les hommes de science qui ont traité de la matière. C'est donc à la glaise seulement qu'il faut s'arrêter dans la recherche des eaux, la glaise étant de sa nature imperméable.

Ce principe admis, je reprends mon récit où je l'ai laissé :

J'avais recommandé de pousser les fouilles jusqu'au point

où l'on rencontrerait la couche de glaise, afin de recueillir toute l'eau que l'on trouverait jusqu'à cette couche. Mon conseil ne fut pas suivi exactement.

On bâtit le cabinet pour la prise d'eau ; on plaça les tuyaux de conduite jusqu'à la fontaine préparée, mais l'eau n'arriva pas. Je fus rappelé encore une fois, et l'on me dit en arrivant :

— Votre source ne fournit point d'eau ; elle est tarie complétement.

C'était vrai, en apparence du moins.

— Avez-vous suivi mes recommandations, dis-je au maire? Avez-vous observé, dans l'exécution des travaux, les mesures que je vous avais données? — Je l'ignore, me répondit le maire ; c'est un architecte qui a tout dirigé.

On fit venir un ouvrier qui découvrit le cabinet de prise d'eau. Après examen de l'état des lieux, je dis à M. le maire : — Vos conduits sont placés quarante centimètres plus haut qu'ils ne devraient l'être. En effet, l'eau se perdait dans le gravier et descendait jusqu'à la glaise sur laquelle les tuyaux auraient dû reposer pour la recueillir tout entière.

— Vous n'avez pas d'autre moyen, ajoutai-je, pour retrouver l'eau que de relever les conduits et de les placer à quarante centimètres plus bas dans le sol.

Le maire était embarrassé de cette augmentation de dépenses. Je pensai qu'elles devaient tomber à la charge de l'architecte qui, par mauvais vouloir, avait dédaigné de suivre mes indications. Mandé par le maire, cet architecte refusait encore de recommencer les travaux ; je fus obligé de le menacer d'avoir recours au préfet du département. Enfin, il s'exécuta ; on retrouva et on recueillit l'eau en telle abondance qu'elle suffit et au delà pour remplir la fontaine. Tout le monde alors fut content, si ce n'est peut-être l'architecte.

Je vais raconter maintenant comment j'ai découvert la présence de cette source en cet endroit. — Au-dessous s'étendait un pré toujours humide sur un certain espace. La terre végétale, toujours imbibée de ces suintements, n'avait guère qu'un pied de profondeur ; une source seule pouvait entretenir ces suintements. Restait à trouver l'endroit même où elle prenait naissance. Il me parut qu'elle devait être sur un point où aucune semence ne germait, tandis que des touffes d'herbes qu'on ne remarquait point ailleurs y trouvaient leur nourriture, surtout quand l'eau abondait pendant la saison pluvieuse. De plus je reconnus que les couches de gravier du petit côteau dont j'ai parlé s'inclinaient toutes dans cette direction et y formaient un petit creux.

Ce concours de circonstances est souvent nécessaire à l'observateur pour bien désigner la place où l'on peut saisir une source. Il ne suffit pas de connaître le chemin qu'elle parcourt, la ligne qu'elle trace ; il est encore très-utile de savoir le point où elle est le plus abondante, où elle a le moins de profondeur et le niveau obligé.

J'entrai ensuite dans l'arrondissement de Gex, extrême frontière. Les bonnes sources sont rares dans ces régions élevées, et la plaine qui descend du côté de Genève se compose en grande partie de terrains qui se sont détachés des montagnes ; ce qui arrive souvent le long de la chaîne du Jura, surtout au pied des cimes les plus élevées. Les sources existant dans ces vallées sont toutes abondantes et connues.

Cependant on peut trouver de l'eau dans les montagnes, surtout là où, entre les couches de rochers calcaires ou granitiques, on est sûr de rencontrer une couche de glaise imperméable. Il est rare que les montagnes d'une grande élévation soient composées de sables ou d'argile, ou même de gravier.

Le gravier se trouve habituellement sur de petits plateaux s'étendant souvent au tiers ou au milieu d'une grande montagne.

J'ai découvert un assez grand nombre de sources dans des positions de même nature que celles que je viens de décrire, et même sur un sommet, quand ce sommet formait un plateau. Mais le plus souvent, je les ai rencontrées sur les versants rapprochés du sommet. Dans ce dernier cas, on comprend qu'on ne peut plus trouver de l'eau au pied de la rampe ; ce fait n'a pas besoin d'explication.

Il n'est pas rare de rencontrer de grandes vallées sans eau. On ne doit attribuer ce phénomène qu'à l'existence d'un certain nombre d'entonnoirs qui laissent tomber les eaux à de grandes profondeurs, c'est-à-dire jusqu'à la couche de terrain imperméable. Ordinairement il se trouve toujours dans ces vallées des passages d'eau, mais ils sont profondément enterrés. Aussi l'on ne saurait être trop prudent dans la recherche des sources. Il faut autant que possible se rapprocher des côteaux ou des bases de la montagne. On est plus sûr de rencontrer un terrain solide où l'eau vient se réunir avant de descendre dans la vallée. Une fois arrivée au fond de la vallée, l'eau trouve presque toujours un terrain perméable qui la laisse descendre à des profondeurs où il n'est plus possible d'aller la chercher. La couche de terre végétale descendant toujours du sommet et des flancs de la montagne, et s'accumulant dans le fond de la vallée, finit par combler ce puits naturel; tandis que le sol qui enveloppe les flancs de la montagne s'amaigrit et diminue d'épaisseur, et laisse saillir sur beaucoup de points la charpente rocheuse. Voilà les observations qui m'ont fait comprendre pourquoi j'ai pu trouver bien des sources *presqu'au sommet* des montagnes. — Je dis *presqu'au sommet*, parce que la condition nécessaire pour trouver de l'eau de source exige un point culminant dominant le sommet. Sans cette condition essentielle, toute recherche serait vaine.

Je vais citer un exemple qui prouve que ces principes ne sont point hasardés par moi, mais fondés sur les lois invariables auxquelles la nature obéit.

La ville de Champagnole (Jura) est située dans la chaîne la plus élevée des montagnes du Jura. Les habitants de cette ville ne sont abreuvés que par une machine hydraulique qui va prendre l'eau d'une petite rivière voisine, et qui exige de grandes dépenses pour son entretien.

Les autorités municipales de cette petite ville ayant ouï parler de l'abbé Paramelle, qui explorait alors le département du Jura, le firent appeler. Le savant abbé leur indiqua une source à environ trois kilomètres de la ville. Les travaux exécutés selon les indications de l'abbé, on trouva de l'eau pour former un jet d'un pouce de diamètre à peu près. Ce jet ne pouvait suffire pour alimenter une dizaine de fontaines. Un si mince résultat ne valait pas les frais et les dépenses qu'il aurait entraînés. — La découverte fut donc abandonnée.

Plus tard, en 1848, on eut recours à moi, dont le nom commençait déjà à être répandu dans un certain rayon. Je me rendis à l'invitation des autorités de la commune, et, accompagné d'une grande partie du conseil municipal, je parcourus le territoire de cette ville. J'indiquai trois sources situées à trois kilomètres de distance de la ville et à une profondeur de deux mètres environ. Je fournis les explications nécessaires pour l'exécution des travaux. On m'opposa d'abord beaucoup d'incrédulité ; j'étais habitué à rencontrer cette défiance, qui ne me décourageait jamais.

M. le maire me dit : — Si vous voulez rester pour diriger les travaux, nous allons vous donner des ouvriers de suite. — J'acceptai sa proposition. Cependant, on m'interrogeait pour savoir à quels signes, à quels indices je reconnaissais l'existence d'une source, dans les trois endroits que j'avais indiqués plutôt qu'ailleurs. — La réponse que je ne voulus pas faire à cette époque étant le but de ce livre, je vais la donner avec tous les développements nécessaires.

Les indices, les signes révélant l'existence d'une source ne sont point partout les mêmes. Ils diffèrent, ils varient selon la nature du sol, la position des lieux et les accidents du terrain que l'on explore.

Dans le cas particulier que je cite, la reconnaissance de la source était facile à faire. Les trois endroits que j'avais désignés étaient étagés le long d'un côteau. La distance qui séparait la première source de la seconde était de cinquante mètres ; et de la seconde à la troisième, on pouvait en compter cent cinquante.

La vigueur, la richesse particulière de la végétation m'avait signalé ces trois endroits et avait frappé mon attention. Cette végétation fournissait une herbe semblable à celle qu'on trouve autour des meilleures sources. Dans les prairies, c'est le meilleur indice que l'on puisse consulter. Il faut fouiller l'emplacement même où l'on rencontre cette végétation luxuriante, extraordinaire ; on est certain d'y trouver de l'eau à une légère profondeur.

Le certificat du maire de Champagnole, confirmant cette découverte, atteste que ces sources produisent 250 litres par minute.

La commune de Monnet-la-Ville, près de Champagnole, ayant besoin d'eau pour une fontaine, m'appela ensuite. Là je trouvai un gravier maigre, et l'examen me fit apercevoir des indices d'une forme et d'une nature différentes. En passant le long d'un chemin vicinal, je rencontrai un emplacement couvert d'une mousse verte qu'on aurait vainement cherchée aux environs. Je désignai cet endroit ; les fouilles se firent et réussirent parfaitement.

Dans la commune de la Pavière, près de Nozeroy, je découvris plusieurs sources au milieu d'un gravier mêlé de sables, dans un terrain d'une couleur noire, tapissé d'une herbe très-petite, semblable à celle qui vient dans les marais. Je n'ai jamais manqué de consulter cette végétation, quand je la rencontrais, et de me fier à son témoignage, qui ne m'a jamais trompé.

J'étais alors sur la frontière suisse, et je me proposais une excursion dans ces montagnes. En descendant de voiture, à Pontarlier, je fus reconnu par une personne qui m'engagea à aller visiter avec elle un propriétaire qui avait besoin d'eau pour créer une fontaine. L'abbé Paramelle y avait été conduit et n'avait rien trouvé. Nous partîmes, et quand j'eus étudié le terrain, je reconnus et j'assurai qu'on devait trouver quelque chose dans deux endroits renfermés dans un champ de blé. La première remarque que je fis, c'est que le blé était loin d'être aussi beau là que partout ailleurs ; il était mêlé d'une certaine quantité d'herbe semblable à celle qui croît dans les prés humides.

Ce propriétaire, qui avait un besoin urgent d'eau pour abreuver un nombreux bétail, fit creuser selon mes indications, et trouva, à deux mètres de profondeur, de l'eau en quantité suffisante pour former une belle fontaine qu'il a pu établir dans la cour même de sa maison.

Ces premières entreprises, couronnées de succès, m'encouragèrent à persévérer et à continuer le cours de mes voyages. Aussi, curieux de visiter la Suisse, dont j'étais si près, je partis pour Neuchâtel. En arrivant dans cette ville, je me fis connaître par les journaux, et les demandes ne tardèrent pas à arriver.

En 1848, la ville de Neuchâtel ne buvait que de l'eau d'un ruisseau qui sortait d'une plaine marécageuse ; c'est-à-dire que cette eau était habituellement bourbeuse et insalubre. Au mois d'octobre, le président de la ville m'engagea à explorer son territoire, désirant vivement que je fusse assez heureux pour découvrir une source d'eau saine. Je partis seul et cheminai pendant deux heures ; puis je revins vers ce magistrat, et je lui racontai que j'espérais avoir trouvé ce qu'il m'avait demandé. Je lui indiquai le lieu et la profondeur à laquelle il fallait creuser. Il me chargea de la direction des travaux, en ajoutant : — Si l'on trouve une source là, vous êtes plus habile que nos tourneurs de baguettes de coudrier, qui n'ont jamais pu y trouver de l'eau.

Je confirmai avec assurance le résultat de mes recherches.

Les ouvriers se mirent bientôt à l'œuvre et, au bout de

quelques jours, on trouva la source, au grand étonnement de tout le monde, dans un emplacement où personne ne se doutait de l'existence d'une source. Cependant tous les indices se rencontraient conformes aux principes que j'ai adoptés et que j'enseigne à mes lecteurs.

Cependant, je dois le déclarer, quoique cette source fut très-abondante, puisqu'en temps ordinaire elle produisait jusqu'à quarante jets d'un pouce, elle n'en a pas moins tari complétement dans les sécheresses des années 1858 et 1859. Les habitants de la ville furent douloureusement surpris ; mais je ne le fus pas, car j'avais prévu et annoncé ce malheur à plusieurs personnes pendant l'exécution des travaux. J'avais reconnu, à des signes certains, qu'elle finirait par tarir temporairement. Je vais donner les explications qui sont nécessaires pour me faire comprendre.

La description des lieux aidera à l'intelligence de ce qui va suivre :

Cette source si abondante était située au pied d'une montagne très-élevée. Après avoir gravi pendant une grande heure, une pente qui a au moins trente centimètres par mètre d'inclinaison, on trouve un superbe plateau de dix kilomètres d'étendue avec une légère pente conduisant à la source assise à ses pieds. Ce plateau est dominé par une montagne, plus élevée que la première, ce qui fait à peu près vingt kilomètres de chemin à parcourir, avant d'arriver au sommet de la montagne.

Comment se peut-il faire qu'une source placée au bas d'une pareille montagne puisse tarir dans les temps de sécheresse ?

C'est à cette question que je vais répondre.

Plus de trente tourneurs de baguette m'avaient précédé

dans l'exploration que j'avais heureusement terminée. Ces pauvres gens ignoraient la nature et la classification des terrains, c'est-à-dire les principes élémentaires de la géologie. Cependant cette source n'était qu'à quatre mètres de profondeur, dans un banc de gravier sec.

Je remarquai, en parcourant les flancs de la montagne, que les rochers venaient en s'inclinant s'arrêter dans cette direction. Un peu au-dessous se trouvait une promenade publique où, dans un endroit particulier, croissait une herbe aquatique. Je ne m'arrêtai point là, craignant, si j'y faisais faire les fouilles, de voir la source se perdre dans le gravier, tandis qu'en me rapprochant du rocher, je courais moins de risques de la manquer. — C'est ce qui fut fait aves succès.

Je compris aussi que, dans les temps de sécheresse, elle pouvait disparaître, parce que la montagne qui la domine est formée de calcaire et que les rochers sont encore plus escarpés que la rampe même de la montagne. L'eau, entraînée dans ces pentes rapides, à travers un terrain perméable, composé de graviers ou de sables maigres, ne peut ni se reposer ni s'arrêter pour former de petits réservoirs; c'est surtout plus sensible dans les temps de sécheresse où l'eau qui s'écoule ainsi rapidement n'est plus assez promptement remplacée par l'eau qui tombe du ciel.

Cet inconvénient est commun à un grand nombre de sources, placées dans des conditions identiques et qui tarissent dans les mêmes circonstances; c'est-à-dire qu'elles n'atteignent point la couche imperméable de l'argile, qui seule peut les arrêter et leur opposer une barrière infranchissable.

Ainsi, j'étais convaincu que si l'on avait creusé encore

un mètre, on aurait atteint la couche imperméable et recueilli toute l'eau qui se perdait. Mais les habitants ayant alors plus d'eau qu'il ne leur en fallait, ne voulurent pas suivre mon conseil et arrêtèrent la fouille au niveau du gravier. Ce que j'avais prévu arriva. Dans les temps ordinaires, la source fournit de l'eau en suffisante quantité, mais quand la sécheresse arrive, on a à regretter l'eau qui se perd dans le gravier et descend jusqu'à la nappe de l'argile.

Cependant si l'on opère dans un banc composé d'argile et de petit gravier, au-dessus d'une couche perméable qui ne soit pas trop épaisse, surtout si l'on y rencontre, dans un affaissement de terrain, les indices ordinaires révélés par la nature de la végétation, ou un changement de couleur dans le sol, on peut être sûr d'y trouver de l'eau ; la vapeur de l'eau s'élevant sans cesse de la source à la surface du sol, donne au terrain une couleur, une nuance différente. De même que la force et la richesse de la végétation, attirant le regard sur un emplacement circonscris, est un témoignage certain de l'existence d'une source.

Ce sont des règles générales qui cependant ne sont pas d'une application absolue; elles souffrent des exceptions. La nature change si souvent de forme et d'aspect, d'un lieu à un autre, d'un département à un autre, d'une contrée à une autre ! Il faut que l'étude et l'examen veillent toujours et ne se découragent jamais.

Partout, comme je le démontrerai par de nombreux exemples, on peut appliquer avec succès les principes que j'ai formulés. Dans tous les lieux de la France, de la Suisse et de la Savoie, que j'ai parcourus, où j'ai opéré, j'ai rencontré des difficultés de nature diverse, mais je n'ai point échoué. Je citerai des faits remarquables et incontestables. Ce n'est pas moi seul qui les affirme; je puis invoquer et produire de nombreux témoignages; je séjournais souvent sur les lieux pour diriger les travaux d'une fouille; je m'instruisais et me perfectionnais moi-même, en interrogeant avec soin les différentes couches qui composent le sol où se forment les sources.

Je découvris encore d'autres sources à Neuchâtel; et toujours le produit dépassait mes espérances. En 1848 et 1849, les autorités de cette ville me donnèrent des témoignages écrits de leur satisfaction et de leur reconnaissance.

Deux délégués, envoyés par les autorités de la ville de Couvet (appartenant au même canton) vinrent me prier de me transporter dans cette commune pour tâcher de découvrir des sources, dont la population éprouvait le plus grand besoin.

C'est à Couvet que se fabrique l'absinthe connue sous le nom d'*absinthe suisse*. Trois distilleries existaient alors, et l'on sait que, pour toute espèce de distillerie, il faut de l'eau; or l'eau manquait de temps en temps; on était alors forcé d'aller en chercher au loin. Ces fabricants désiraient surtout trouver une source sur un point assez élevé pour qu'elle puisse laisser arriver et tomber ses eaux dans les tonneaux, sans avoir la peine de la conduire. Douce et agréable illusion qu'ils ne pouvaient guère espérer voir se réaliser!

Pour commencer mes recherches, je gravis un point qui dominait les distilleries, je pénétrai dans un coin du bois; et, après quelques tours et détours, j'arrivai sur un emplacement où je remarquai que l'essence du bois n'était plus la même qu'aux environs, peuplés partout de sapins et de hêtres ; tandis qu'en cet endroit, mesurant à peu près trente mètres de diamètre, les deux essences dont je viens de parler ne pouvaient prendre racine. On n'y rencontrait que des arbustes et des plantes qui croissent au bord des ruisseaux ou dans les marais, comme la verne et la massole.

Après une inspection et un examen attentifs, je déclarai aux personnes qui m'accompagnaient qu'il y avait assez d'eau là pour les trois distilleries et à plus de cent mètres au-dessus des bâtiments. Je dirigeai tous les travaux, qui eurent le résultat le plus complet.

Notons que cette découverte si précieuse a été faite dans une forêt, sur une pente rapide, où cependant la végétation était aussi forte que dans une prairie humide et grasse ; ce qui m'annonçait l'abondance de la source et son peu de profondeur. En effet, on rencontra l'eau à un mètre cinquante centimètres et en plus grande quantité qu'il n'en fallait pour faire fonctionner ces distilleries.

Chargé de faire des recherches pour les besoins de la commune, je remarquai, dans un lieu destiné à la pâture du bétail, la même humidité, la même végétation que j'avais trouvées au-dessus des trois distilleries.

Cette source a deux mètres de profondeur, fournit cinquante litres à la minute, ainsi que le constate le certificat très-honorable qui me fut délivré par les délégués de la commune ; c'était à une époque de sécheresse. Rappelé plus tard dans la même localité, j'y fis de nouvelles découvertes.

Je suis donc fondé à affirmer, à répéter ce que j'ai déjà avancé : que les indices que je signale comme révélant la présence de l'eau sous le sol, sont des témoignages certains, et que, depuis treize ans que j'ai entrepris mes expérimentations, je ne me suis jamais repenti de leur avoir accordé ma confiance.

Je sais bien que cette méthode n'est pas absolument nouvelle, et qu'elle est, en partie, soupçonnée par certains savants qui en ont parlé vaguement. Je sais encore que l'abbé Paramelle la dédaigne et ne l'a jamais consultée, à tort selon moi. Appuyé sur une expérience pratiquée et renouvelée pendant tant d'années, je suis assuré qu'elle ne peut faillir entre les mains de celui qui saura s'en servir : c'est-à-dire, qui ajoutera les observations tirées de la nature de la végétation, à l'étude géologique de la configuration du sol. Ces deux études associées, s'appuyant l'une sur l'autre, fortifiées l'une par l'autre, ne peuvent manquer, — telle est mon opinion, — de produire de bons résultats. Isolées l'une de l'autre, elles peuvent, chacune, obtenir des succès, mais ils seront moins assurés et moins nombreux que lorsqu'elles s'entendent et s'accordent ensemble. L'abbé Paramelle, dans ses explorations, s'est privé d'un puissant auxiliaire en négligeant l'étude de la végétation.

De Couvet, je descendis dans le vignoble, me dirigeant du côté de Lausanne. Là, le sol est couvert de vignes et de terres labourables. Pour éviter de me tromper, je devais me servir de nouveaux moyens d'appréciation si l'examen avait d'autres éléments à traiter, à interroger. On comprendra sans peine que c'est la pratique seule qui m'a familiarisé avec ces études se renouvelant sans cesse. Dans les territoires plantés de vignes, j'avais d'abord plus de peine à reconnaître, à retrouver mes guides naturels, plus de peine que dans les forêts, les prairies ou les terres labourables ; cependant, dans les vignes, comme ailleurs, je suis parvenu à lire et à comprendre le sens des caractères symboliques que la nature a tracés au-dessus des eaux souterraines. J'étais bien sûr que ces traces et ces caractères devaient exister, sous une forme ou sous une autre. Quand je ne les trouvais pas tout d'abord, je ne pouvais accuser que la faiblesse de ma vue ou de mon jugement.

Que l'eau séjourne ou circule à quinze, dix-huit ou vingt mètres de profondeur, elle se révèle toujours par quelque témoignage à la surface du sol : soit une végétation riche, anormale ou aquatique ; soit une couleur plus sombre, tranchant dans un espace limité, mais facile à saisir du regard.

Quel signalement doit donc, dans une vigne, accuser la présence des eaux souterraines ? Voilà la question que j'avais à résoudre !

Je fus appelé, dans un village nommé Auvernier, pour suppléer par quelque nouvelle source à l'insuffisance de deux fontaines publiques. Le territoire de cette commune était planté de vignes. Après examen, je crus reconnaître un passage d'eau de la manière la plus simple, sur une largeur d'environ deux ou trois mètres. Le long de cette ligne, le sol affectait une teinte plus noire et il était couvert d'une petite mousse verte. J'indiquai une source à prendre en cet endroit. On fut satisfait du résultat, qui, selon le certificat, augmenta du double le produit des fontaines.

Il faut remarquer que, partout où se montre cette humidité marécageuse, la végétation de la vigne est languissante ; elle souffre évidemment de la présence de l'eau, car la vigne n'aime pas l'eau.

J'allai ensuite à Corselette, près de Granson (canton de

Vaud), chez le colonel Bosselle. Ce propriétaire était déjà riche de deux fontaines jaillissantes, l'une près du château, et l'autre à côté de la ferme. Mais, il me raconta que les dames se plaignaient de la mauvaise qualité des eaux de ces fontaines qui faisaient crevasser la peau de leurs mains et qui ne dissolvaient pas le savon. Il avait entendu dire que je me chargeais, non-seulement de découvrir les sources, mais aussi de reconnaître la qualité de l'eau. Je lui répondis affirmativement, promettant que je lui apprendrais comment on peut distinguer les différentes qualités de l'eau, et l'assurant qu'après avoir visité son terrain et le lieu où sa source existait, il trouverait les indices annoncés par moi, et que s'il était possible de découvrir une source de bonne qualité, si cachée fût-elle, il la reconnaîtrait aux désignations que je lui fournis.

Tout ce passa suivant mes prévisions et mes promesses.

En effet, l'eau est aride, dure, nuisible à la santé, quand elle arrose toute espèce de roseaux. Partout où l'on rencontre cette végétation, la qualité de l'eau est jugée; on ne doit pas la boire. Or, ce fut précisément cette espèce de végétation que nous trouvâmes autour de la source qui alimentait ces fontaines.

En parcourant une autre partie de ce domaine, je découvris une source dont l'eau devait être de bonne qualité. — Voyez, dis-je, au colonel, les indices que je vous ai fait connaître avant de nous mettre en route! L'herbe qui pousse là n'est point de la même espèce que celle qui couvre la source de vos fontaines! ce petit cresson exhale une bonne odeur; toutes ces plantes que vous voyez conviennent parfaitement au bétail. Cette source doit vous donner une eau douce et saine.

Nous nous dirigeâmes ensuite d'un autre côté, et ayant rencontré une place qui offrait toutes les apparences d'une source cachée, apparences se manifestant de manière à ne pouvoir m'induire en erreur, je posai mon jalon pour les fouilles à faire.

Quelques jours après, on me rappela sur les lieux. Les travaux avaient été exécutés à la profondeur voulue et l'eau ne se montrait point. Je dis aux personnes qui m'accompagnaient : Voyons plus loin ; parcourons cette vallée ; peut-être découvrirons-nous la cause de cette absence de l'eau.

Nous trouvâmes en effet, échelonnés sur la même ligne, de distance en distance, de petits enfoncements qui creusaient le terrain, comme des *entonnoirs*.

Les *entonnoirs* (la Bétoire; terme scientifique), dont il est souvent parlé, en hydro-géologie, se reconnaissent à un creux ou affaissement de terrain circulairement vide, à une profondeur de cinq à sept mètres, et quelquefois davantage. C'est un terrain miné par les eaux d'une nappe d'eau ou d'une source, qui en entraîne une partie avec elle, et, par un travail lent et successif, mais constant, creusant toujours la base du sol, laisse descendre sa superficie pour combler le vide qui s'opère.

Voilà, en quelques mots, la théorie des entonnoirs :

Une source ne peut jaillir dans les lieux sillonnés par des entonnoirs, par la raison que le cours d'eau qui les mine tombe, à de grandes profondeurs et, le plus souvent, à travers le calcaire, qui, comme on le sait, n'est pas assez imperméable pour retenir les eaux.

Dans ces endroits, on peut bien creuser des puits, mais il ne faut point espérer en tirer des sources.

Il existe même bon nombre de ces entonnoirs qui n'apparaissent nullement à la surface du sol. Et ce n'est pas seulement dans les vallées que l'on peut rencontrer ces entonnoirs; on en trouve encore sur des plateaux assez élevés.

Je vais citer un exemple remarquable et curieux de faits de ce genre :

Près de *Baume-les-Messieurs* (Jura), on trouve une plaine de quatre à cinq kilomètres d'étendue, et découpée par des vallées assez profondes, creusées en forme de précipices ; ce lieu pittoresque est le but de bien des excursions champêtres. — Les rochers qui entourent ces vallées, sont, de tous les côtés, percés de crevasses, d'où l'eau tombe en abondance, surtout pendant la saison pluvieuse. Dans les temps de sécheresse, on peut pénétrer dans ces crevasses, et les parcourir assez longtemps, un flambeau à la main. D'une distance d'un demi-kilomètre, on rencontre un lac souterrain. Personne n'a encore pu mesurer l'étendue de cette pièce d'eau. Or, précisément au-dessus de ce lac, le plateau est sillonné d'un grand nombre *d'entonnoirs*.

On peut croire qu'il en existe aussi sur des montagnes, renfermant des nappes d'eau inconnues, dont il est impossible d'atteindre la profondeur.

Mes souvenirs me fournissent encore un autre fait, non moins remarquable, que j'ai rencontré dans un village, entre Iverdun et Lausanne.

Un meunier possédait un moulin qui trop souvent chômait faute d'eau. A bout d'expédients, ce pauvre meunier se décida à recourir à la *baguette divinatoire*. Il fit venir chez lui un de ces prétendus magiciens qui lui dit sans hésiter : — Il y a de l'eau en abondance sous cette montage ; mais il faut creuser un tunnel depuis le sommet, afin que l'eau puisse venir tomber directement sur la roue du moulin.

Le meunier enchanté crut ne pouvoir mieux faire que de charger notre homme de la direction des travaux nécessaires. Le tunnel fut commencé ; la pierre qu'ils trouvèrent était une molasse que l'on rencontre, dans le centre de la Suisse surtout, en grande quantité. Pendant deux années, les travaux se poursuivirent à travers les flancs de la montagne. Le peu d'eau que le sorcier ou *sourcier* trouvait, disparaissait derrière lui.

Quand on eut ainsi marché pendant deux kilomètres environ, le meunier qui payait la dépense à tant par mètre, se fatigua ; car on ne rencontrait que des suintements fort insignifiants et sans espérance fondée de trouver rien de mieux. Ces travaux dispendieux furent donc abandonnés.

Quelques années après, me trouvant moi-même dans ces contrées, le meunier me pria d'aller le voir pour lui procurer une source qui put augmenter son cours d'eau. Il ne me parla point d'abord des travaux si considérables qu'il avait fait exécuter dans ce but.

Dans une petite forêt située au-dessus de son moulin, je lui montrai une place qui renfermait, à n'en pas douter, une nappe d'eau peu profonde. Cette place comprenait une étendue d'un hectare environ où le bois rabougri ne trouvait pas une nourriture convenable ; et à sa place croissaient des roseaux, comme dans un marais, ce qui prouvait évidemment que la nappe d'eau était peu profonde mais abondante, quoique la surface du sol fut exempte d'humidité. J'ignore les résultats de cette découverte.

Toutes les fois qu'on rencontre une végétation marécageuse, sous forme de roseaux et d'autres plantes qui ne se plaisent que dans des terrains sans cesse arrosés, au moins sous le sol végétal, quoi qu'on n'apperçoive à la surface aucune trace d'humidité, on peut être assuré que l'eau circule ou séjourne au-dessous peu profondément. Quels que soient les pays que l'on parcourt, les changements que l'on remarque dans la nature et la disposition des terrains, la présence des eaux se manifeste à la surface du sol avec des formes et des produits variés, mais toujours dans le même sens que celui que je signale. A mesure que je changerai de contrée et de guides dans mes explorations, je m'appliquerai à décrire, aussi bien que je le pourrai, la variété des indices et la différence des témoignages.

Au commencement de 1848, je me trouvais au Locle (canton de Neuchâtel). Deux propriétaires de cette ville avaient, depuis quelques années, perdu une source commune entre eux et qui alimentait deux fontaines appartenant à chacun d'eux. Ne sachant à quelle cause attribuer la disparition de leur source, ces deux propriétaires eurent recours à moi pour savoir si elle était entièrement perdue, ou si elle avait seulement changé de direction.

Après avoir examiné attentivement le terrain, je leur dis : — Votre source n'est pas perdue ; seulement, son cours a été dérangé, détourné ; elle ne pénètre plus dans le cabinet de la prise d'eau.

Je les assurai qu'on pourrait certainement la retrouver, et même qu'on pourrait en ajouter une autre située à peu de distance. Je leur donnai tous les avis nécessaires pour exécuter les travaux. Mais comme ils n'étaient pas sûrs de comprendre mes explications, ils m'engagèrent à séjourner pour diriger moi-même les travaux de l'entreprise. Je leur dis qu'il n'y en aurait pas pour longtemps. En effet, au bout de trois jours, deux ouvriers ramenèrent l'eau à leurs fontaines; et quelques heures seulement suffirent pour découvrir l'autre petite source située à quelques mètres de distance de la première. — Tout fut terminé en quatre jours et les deux fontaines fonctionnèrent convenablement.

La cause de la déperdition ou de la fuite de l'eau était facile à remarquer; la petite chambre où la ligne des conduits prenait naissance était peu profonde, et le terrain qu'elle renfermait avait été ravagé par les animaux qui vivent sous terre, taupes, souris ou mulots, surtout dans les sécheresses; et encore plus, en hiver, par les fortes gelées. L'eau s'échappait ainsi du réservoir par une multitude de fissures, filtrait au-dessous, sur les côtés et descendait entre la couche végétale et une couche argileuse. La ligne de son parcours produisait une certaine humidité dans une prairie située plus bas et passablement éloignée. Les mauvaises plantes marécageuses végétaient sur toute cette ligne depuis l'endroit où cette fuite commençait jusqu'à cette prairie.

Un certificat du 30 mai 1848 atteste ces faits.

Arrivé à Lausanne, je fis annoncer ma présence et mon séjour dans cette ville par un journal; et je ne tardai pas à commencer mes premières opérations dans la chaîne des Alpes.

Je débutai dans la commune des Planches-de-Montreux, près de Vevay. J'étais chargé d'explorer les pâturages qui se trouvent vers la dent de Jaman. C'est dans les châlets semés sur ces pentes que l'on fabrique un excellent fromage de gruyère. Malheureusement ces châlets manquaient d'eau pour abreuver leur nombreux bétail.

Je devais me rendre la veille dans le village, afin de pouvoir partir le lendemain de grand matin, la montagne étant très-élevée et le chemin très-difficile. Il me fallut gravir, pendant quatre à cinq heures, une pente rapide pour atteindre le sommet du plateau où les châlets sont situés. — La dent de Jaman s'élève encore bien plus haut.

Mes explorations à travers ces pâturages me firent découvrir plusieurs petites sources suffisantes pour remplir des abreuvoirs.

Avant de faire cette pénible ascension, je n'étais rien moins que sûr que mes pas seraient récompensés ; j'ignorais ce que je devais trouver. J'aurais pu hésiter et reculer devant les difficultés d'une entreprise dont le succès devait au moins paraître douteux. Ces considérations ne m'arrêtèrent point ; j'allais, recherchant surtout des études nouvelles et un terrain vierge pour mes explorations.

Les endroits où mes indications s'étaient arrêtées avaient une telle élévation que personne ne pouvait admettre qu'on pourrait y trouver de l'eau. Le syndic de la commune me proposa de faire faire immédiatement les fouilles en ma présence. J'acceptai avec plaisir et je voulus faire commencer les travaux dans l'endroit même qui inspirait le moins de confiance ; c'était l'endroit le plus rapproché de la dent de Jaman, et qui par sa situation élevée pouvait être plus avantageux en facilitant l'écoulement et la direction de la source.

Je m'aperçus que l'honorable syndic avait tout l'air de me tendre un piége. Je voyais bien qu'il lui paraissait impossible de trouver de l'eau sur un point aussi élevé, dans un sol composé de rochers calcaires et au milieu des débris amoncelés d'une carrière.

Avec l'aide des bergers qui gardaient les troupeaux, nous nous mîmes immédiatement à l'œuvre, car on désirait vivement, pendant que nous étions sur ce terrain si difficile à gravir, me soumettre à la plus rude épreuve et s'assurer si vraiment je ne me trompais point. Comme l'eau n'était pas profondément cachée, on la rencontra bientôt, à un mètre trente centimètres.

Quelle surprise et quelle joie de voir couler de l'eau dans des régions abordables seulement à ces hommes habitués au rude métier de gardiens de troupeaux! Je reconnais sans peine que de pareilles découvertes sont rares. Cependant celle-ci est attestée, comme beaucoup d'autres, dont je ne fais pas mention, par un certificat signé du syndic des Planches, en date du 14 juillet 1849.

Cette découverte excitait parmi les personnes qui m'accompagnaient le plus profond étonnement. Je ne suis pas bien sûr de n'avoir pas été regardé par elles comme un sorcier. Cependant rien ne m'était plus facile, si je l'eusse voulu, de faire cesser les causes de leur étonnement et de leur expliquer ce qu'elles ne comprennaient pas. Car je m'étais servi des mêmes moyens que j'employais partout. En tout lieu la nature me révélait son secret de la même manière, par les mêmes signes, universellement répandus à la surface du sol. — Voici l'explication que je dois donner aujourd'hui au public; je désire vivement qu'elle tombe sous les yeux des habitants des Planches-de-Montreux.

La cime de la dent de Jaman se compose de calcaire. Au

pied de ce mont étaient amoncelés des amas de pierres brisées de la même matière, qui reposaient sur un banc de glaise; les rochers étaient légèrement inclinés du côté de la source. En outre, la mousse verdissait à l'endroit même et disparaissait plus bas, par la raison qu'une masse de terrain s'était, par le travail du temps, détachée du sommet de la montagne, et, en s'amoncelant, avait fait disparaître toute trace de végétation. Mais, comme je l'ai dit plus haut, à l'endroit où la fouille avait été faite, cet amas de pierres était couvert d'une mousse qui mesurait au moins dix centimètres de hauteur. Cette mousse était d'ailleurs aussi fraîche que si on l'eût eu récemment arrosée.

Tel a été le résultat de ma première excursion dans la chaîne des Alpes.

Depuis, j'ai parcouru les environs de Lausanne, où j'ai fait de nombreuses découvertes. Plusieurs de ces opérations échappent à ma mémoire; d'autres ne sont point assez remarquables pour être citées, pour offrir d'utiles enseignements.

Un jour, un monsieur de Lausanne vint me prier d'aller visiter une pièce de vigne qu'il possédait près de la ville. Nous partîmes; après avoir étudié et observé la nature des lieux, je m'arrêtai sur un emplacement où je crus remarquer la présence d'un cours d'eau. — Si vous avez de l'eau, lui dis-je, elle ne peut se trouver que là, et à quatre mètres de profondeur.

On se mit au travail. Arrivé à trois mètres de profondeur environ, on rencontra des traces évidentes de plusieurs passages d'eau; c'était de la boue liquide, mais point d'eau. Appelé de nouveau sur les lieux pour donner mon avis sur le résultat de ce travail. — Que pensez-vous de cela, me dit-on? — Je pense, répondis-je, que vous avez eu là un cours d'eau qui n'existe plus! — Quelle est la cause de cette perte? — Je l'ignore, je ne peux supposer qu'une chose pour me rendre compte de la perte que vous éprouvez. Quelque personne a pu faire des travaux plus haut et s'emparer de votre source.

— De quel côté peut-elle donc venir? — Elle ne peut venir que de la pointe de cette montagne. — Vous pensez donc qu'il y a de l'eau là-haut? — Les couches du rocher sont inclinées de manière à ne pas laisser subsister le moindre doute.

Puis, s'adressant à un des ouvriers : — Savez-vous, lui demanda-t-il, d'où vient l'eau de la fontaine établie dans ce petit village? L'ouvrier répondit qu'elle venait d'une petite vigne qu'il lui indiqua et qui se trouvait précisément dans la direction que je lui marquais. On pouvait sans doute trouver de l'eau ailleurs, mais il fallait monter plus haut que celle qui avait été prise, et il y avait à craindre la résistance de la part des habitants du village qui auraient sans doute voulu défendre leur propriété et leur droit de priorité. Il fallait donc se résigner à se priver de cette source.

— Pourquoi, me dit ce propriétaire, en manière de reproche, ne m'avez-vous pas prévenu à votre première visite? — Je ne suis pas sorcier, répondis-je. — Cependant vous m'avez promis que je trouverais de l'eau ici? — Oui, sans doute, il y en a eu; une source a passé par là; mais j'ignorais qu'on vous l'avait enlevée; je n'y puis rien.

En effet, les traces du passage de l'eau existaient encore. Je fis remarquer à ce propriétaire combien la végétation, sur toute la ligne que la source avait parcourue, différait de celle des lieux voisins. — Vous ne voyez rien, me dit-il ; cette différence était bien plus sensible il y a quelques années. — Je le comprends ; depuis que vous n'avez plus d'eau dans cette vigne, elle reprend sa vigueur, et elle produira davantage. Si vous perdez d'un côté, vous gagnez de l'autre.

Cette compensation le consolait médiocrement.

On comprend que cette erreur n'était pas le résultat d'une illusion ou d'un faux calcul. Les traces que j'avais observées et constatées attestaient le passage de la source ; seulement une main étrangère l'avait récemment détournée, depuis une année environ. Aussi ces traces, déjà bien affaiblies, finiront par disparaître complétement. Ignorant ces circonstances exceptionnelles, ma méthode n'avait donc échoué là que par suite d'un accident que je n'avais pu prévoir. La disposition des terrains, la configuration des lieux me justifiaient de cette erreur plus apparente que réelle.

A Combremont-le-Petit (canton de Vaud), où je me rendis sur invitation, existait un moulin qui manquait d'eau pendant les chaleurs. Il fallait en trouver en suffisante quantité pour ne plus laisser le moulin exposé au chômage. J'indiquai l'emplacement où l'on devait trouver une source à deux mètres seulement de profondeur.

Cette source, placée dans une forêt, coulait sous un gravier maigre, perméable. Elle ne s'étendait pas sur une grande surface, car elle ne fournissait sa végétation que sur un espace de trois mètres de diamètre. Cette circonstance s'explique par le fait que, refoulée au fond de ce puits naturel de gravier par une couche de terrain assez compacte qui pesait sur elle, elle ne pouvait se répandre à la surface. Aussi, quand l'obstacle fut enlevé, elle jaillit en abondance et put fournir assez d'eau pour faire marcher le moulin alors à sec.

Le lieu même où la source était cachée ne produisait aucune espèce de végétation. Les habitants ne pouvaient s'expliquer la cause de cette stérilité locale. Or, je sais que la plupart des sources qui croupissent sous le sol, sans contact avec l'air extérieur, pourrissent les racines des plantes et arrêtent toute végétation, surtout quand leur eau est froide. Elle ne convient point à l'irrigation. Si, au contraire, c'est une eau réunissant toutes les conditions de salubrité, l'herbe qui pousse sur son parcours se fait remarquer par sa couleur plus verte et par sa richesse dans les prairies. Quant à la vigne, elle souffre toujours de la circulation de l'eau, qui fait périr les ceps ; il en est de même dans les forêts. Aussi commence-t-on à drainer les forêts ; mais le drainage doit s'exécuter plus profondément que dans les terrains plantés de vignes.

Je consacrerai quelques pages au drainage, que j'ai eu occasion d'étudier et de pratiquer moi-même.

Je reprends. — Un M. Martin avait acheté, entre Genève et Coppet, une belle propriété ornée d'un petit château assez bien situé. Il l'avait payée d'autant moins cher qu'elle ne contenait ni fontaine ni source : elle était complétement privée d'eau. Cependant, résolu de tirer le meilleur parti possible de sa propriété, ce M. Martin fit exécuter des travaux dans l'espoir de trouver de l'eau pour établir une fontaine dans sa cour. On chercha partout où il supposait pouvoir en rencontrer, mais, ne trouvant toujours rien, il obtint de son voisin l'autorisation de faire des recherches sur son terrain, moyennant une indemnité. Un trou de quatre mètres cinquante centimètres fut creusé, mais toujours sans résultat... liquide. Il était donc résigné à se passer de fontaine quand, apprenant par la voix des journaux, ma présence dans ce pays, il me manda et j'arrivai chez lui quelques jours après.

Il venait de faire combler la fosse qu'il avait fait creuser sur le terrain de son voisin et me fit d'abord parcourir sa propriété. Je ne trouvai rien.

— Il n'y a point d'espoir, lui dis-je, vous avez une couche argileuse d'une trop forte épaisseur.

Il me conduisit alors à l'endroit où il avait fait creuser, chez son voisin, regrettant d'avoir fait combler ce trou avant mon arrivée. — Vous avez eu du malheur, lui dis-je alors, parce qu'à six pieds de distance de cette fouille, et à trois mètres de profondeur, vous auriez trouvé l'eau que vous cherchez, pour faire une jolie fontaine.

Il me regarda, stupéfait, craignant que je ne voulusse plaisanter. — Je suis certain de ce que j'avance, repris-je ; rien n'est plus sérieux.

Comme il était surpris de n'avoir rencontré, à une si petite distance, aucune trace d'humidité, je lui expliquai que ce cours d'eau s'était frayé un passage sur une couche très-compacte, mais à travers une autre couche de sable qui laissait descendre l'eau jusqu'au plan incliné de l'argile. L'étroite ligne marquée par le cours de la source était bien facile à distinguer; des joncs, croissant d'habitude au-dessus des eaux douces, sillonnaient cette ligne. — Quand on voit ces joncs s'étendre sur un prolongement étroit et dans une certaine longueur, on est sûr qu'ils suivent un courant d'eau. Cet étroit sillon de plantes aquatiques sortait d'une petite forêt peu éloignée. Or, les sources qui prennent naissance dans les forêts se trouvent dans les conditions les plus favorables pour résister aux sécheresses : c'est-à-dire à l'ardeur du soleil et à l'absence prolongée des eaux pluviales.

Les feuilles qui couvrent les arbres, en été, fournissent une ombre épaisse, entretiennent la fraîcheur du sol et arrêtent les rayons solaires qui absorbent l'humidité, comme dans les terres nues; tandis qu'en hiver, ces feuilles couvrant le sol et y pourrissant à la longue, conservent et renouvellent l'humidité.

Fort de toutes ces observations, j'étais fondé à assurer M. Martin qu'il jouirait d'une fontaine qui ne tarirait jamais. Son bonheur égala son étonnement, car les fouilles donnèrent tous les résultats que je lui avais annoncés. Six mois après, revenant sur les lieux, il me fit admirer sa jolie fontaine. Aussi, racontant lui-même tous les détails de cette découverte, m'en a-t-il amplement témoigné sa reconnaissance dans un certificat daté du 3 mars 1850.

Je fus ensuite introduit dans un petit château, près de Genève, qui manquait de fontaine. C'était un puits qui fournissait l'eau nécessaire. Mais les plus belles campagnes sont tristes quand elles sont privées d'eaux jaillissantes.

Je crus reconnaître dans un emplacement tous les signes caractéristiques que les sources tracent sur le terrain. On fit les travaux nécessaires; mais en arrivant à la profondeur que j'avais indiquée, on rencontra du gravier qui paraissait descendre à une telle profondeur qu'il fallait renoncer à l'espoir de trouver une source. En creusant plus profondément, il aurait été impossible de se servir de l'eau qui se serait trouvée au-dessous du niveau. Néanmoins j'étais sûr de ne point m'être trompé dans mes observations; mais j'avais déjà rencontré des terrains en sous-sol qui absorbent les eaux et les laissent descendre à une grande profondeur. — Résultat nul.

J'avais déjà rencontré à Gex le même fait. Gex est placé sur une rampe fortement inclinée, aux pieds de hautes montagnes qui doivent recevoir et donner une grande abondance d'eaux.

Or, voici ce qui m'arriva dans une riche maison de campagne, près de cette petite ville, où j'étais appelé. Je désignai un point où j'étais presque assuré de rencontrer une source abondante. C'était un terrain limoneux, comme pourri par le séjour des eaux cachées. Mais, en arrivant à la profondeur de six pieds environ, les ouvriers furent obligés d'abandonner leurs travaux. Ils commençaient à rencontrer une terre noire, si liquide, qu'elle ne pouvait pas les porter; ils enfonçaient et ne pouvaient se retirer qu'avec beaucoup d'efforts. Pour mesurer l'épaisseur de cette couche bourbeuse, ils enfoncèrent une perche de dix pieds qui pénétra aussi facilement que dans de la bouillie, sans trouver le fond ou une résistauce; une autre perche de dix mètres, poussée avec effort, n'en rencontra pas plus L'eau qui remplissait le trou fait par la perche ne s'élevait pas du reste plus haut que cette bouillie. — Les travaux furent donc abandonnés.

Je dois déclarer que je n'avais jamais vu une couche de terrain semblable à celle-ci. J'ajoute que je n'ai jamais trouvé une source dans des conditions identiques à celles d'une autre. Partout, j'ai rencontré des différences sensibles entre l'une et l'autre, même dans la même région.

Aussi les changements, dans la nature du sol, doivent être bien plus graves quand on franchit des distances de cent ou deux cents lieues. Il ne faut donc pas que l'observateur laisse sommeiller un instant son attention : chaque terrain nouveau exige une étude particulière ; sinon l'on s'expose au risque de se tromper. Le sol superposé aux sources doit varier le genre, l'espèce et la nature des révélations, surtout en ce qui concerne la végétation aquatique.

A Bernex-Onex-Confignon, près de Genève, dix-sept familles étaient privées de fontaines. Les chefs de ces familles avaient précédemment consulté un de ces hommes qui jouent avec la baguette de coudrier. Celui-ci leur avait indiqué un lieu où ils devaient trouver de l'eau en abondance. En effet, il ne s'était point trompé. La source fut trouvée. — On fit les travaux nécessaires pour la recueillir et la conduire dans la fontaine préparée dans ce but. Pendant quelques jours, tout marcha à souhait ; l'eau coulait et jaillissait, mais peu à peu elle commença à baisser, à diminuer ; enfin, elle disparut complétement. Toutes les dépenses faites étaient perdues. On courut à la source ; on la découvrit ; elle ne contenait plus d'eau.

Ce fut dans ce moment critique que mon secours fut indiqué. — Arrivé sur les lieux, après avoir écouté le récit de cette triste aventure, je répondis qu'on avait sans doute rencontré un banc de gravier et qu'on s'était arrêté avant d'avoir atteint la couche imperméable ; que la source réellement découverte devait descendre au-dessous du gravier, et que si l'on avait creusé plus profondément on l'aurait retrouvée. A cette observation, on me répondit avec raison que si l'on avait creusé plus profondément, on n'aurait pas pu se servir de l'eau qui n'avait déjà que cinquante centimètres de pente; le niveau aurait été entièrement perdu. Cette difficulté était grave. Il ne restait plus qu'une chose à faire : abandonner cette source, et en chercher une autre, dans une situation plus favorable, avec le niveau nécessaire.

Je procédai de suite à de nouvelles recherches. En parcourant une vigne, je rencontrai sur un point tous les indices ordinaires; l'eau ne pouvait être qu'à une médiocre profondeur. C'était une dizaine de ceps, paraissant moins vigoureux que les autres, languissants, affectés d'une maladie particulière. Les pieds de ces ceps étaient couverts d'une mousse verdâtre, et le terrain, quoique récemment travaillé avait, à sa surface, la même nuance. Je conclus de l'observation de tous ces signes qui m'étaient si familiers qu'on devait creuser là, en toute assurance, et qu'on devait y trouver une belle source Mon espérance se réalisa; et cette source n'a point tari. Son niveau, du reste, avait assez de pente pour lui permettre de se diriger vers la fontaine qui l'attendait.

Le certificat, signé du maire, à la date du 2 mars 1850, explique que la source découverte par moi est *située non loin des premières fouilles; que l'eau s'est trouvée, à point nommé, dans la quantité et à la profondeur indiquées.*

J'ai fait plusieurs autres découvertes dans les environs de Genève, mais elles ne sont point assez remarquables pour que j'en fasse mention. On comprend que je dois faire un choix dans le nombre des résultats que j'ai obtenus. Je n'ai point l'intention de faire une nomenclature aride de toutes mes expériences qui grossiraient inutilement ce volume. Je ne veux enregistrer que les faits qui peuvent servir d'enseignement et de guide à mes lecteurs; voilà pourquoi ce volume condensé, renfermé dans les limites de l'intérêt positif, sera réduit à un petit nombre de pages; voilà pourquoi j'en ai exclu sévèrement toute érudition étrangère à ma propre expérience.

Ceci dit une fois pour toutes, je continue le récit de mes courses et de mes explorations.

Dans une commune du canton de Vaud, nommé Corcelles, il n'existait point de fontaine publique. Les habitants allaient puiser l'eau dont ils avaient besoin à la fontaine placée dans la cour d'un château voisin du village. Cette nécessité était aussi désagréable pour les habitants qu'incommode pour le propriétaire complaisant qui aurait certainement préféré que personne ne pénétrât dans sa propriété. Aussi ce fut ce propriétaire lui-même qui me fit appeler. En arrivant, et à l'aspect de cette belle fontaine qui jaillissait dans la cour, je restai surpris. Force fut au propriétaire de m'expliquer l'énigme. Il m'invita à explorer les environs du village, non pour lui, mais pour les habitants, moins bien partagés que lui. Je trouvai une source assez éloignée de son habitation et je la lui indiquai. Il fit faire les premières fouilles, et quand elle fut découverte, il l'abandonna généreusement aux habitants, qui n'eurent qu'à achever les travaux pour la disposer à leur usage.

Cette source était assez abondante pour remplir deux fontaines. Elles furent immédiatement exécutées.

J'avais rencontré cette source dans un coin de terre communale d'où on avait extrait du gravier. — Près de là, mais au-dessous, se trouvait le cabinet de la source appartenant au propriétaire dont j'ai parlé.

La position de ce terrain, situé au pied d'une énorme

montagne, et le creux que l'extraction du gravier avait produit, indiquaient à mes yeux l'existence d'une source. Dans ce creux, toujours rempli d'eau dans la saison, je vis des rejets de massole, ainsi que des touffes d'herbes menues, toutes plantes qui n'existent que dans le voisinage de l'eau et dans les lieux marécageux.

Le certificat porte la date du 9 juin 1849.

A Nyon, dans le canton de Vaud, sur les bords du lac, l'hôtel de la Couronne jouissait d'une fontaine, mais qui ne fournissait pas assez d'eau pour les besoins de la maison et du jardin. L'eau manquait précisément quand elle était réclamée par le jardin. Or, en parcourant ce jardin, j'aperçus près du mur de clôture certains espaliers dont la végétation ne paraissait pas aussi belle que celle des autres; ils étaient évidemment atteints de maladies. Je supposai que ces arbustes encore jeunes n'avaient pas acquis toutes leurs forces. A ma question sur l'âge de ces espaliers, on répondit qu'ils avaient tous été plantés dans la même année. — Eh bien! dis je, vous avez une source sous celui-là! Ne pousse-t-il pas toujours au pied une herbe que vous ne trouvez pas ailleurs? — Oui, me répondit-on. — Alors, creusez là; vous trouverez de l'eau pour remplir votre fontaine dans tous les temps de l'année!

Le certificat du 28 février 1850 constate que la source a été trouvée à *la profondeur indiquée, à la grande satisfaction du signataire.*

M. Roger, de la même ville, major au corps du génie militaire de la Confédération, vint me chercher pour aller dans un petit village voisin (Avenex) où il possédait un petit domaine orné d'une fontaine; mais cette fontaine ne produisait plus rien, et il désirait vivement trouver une source pour lui fournir de l'eau. Nous nous dirigeâmes vers un champ où il avait déjà fait faire des recherches qui ne lui avaient donné aucun résultat. Cependant je lui en désignais une, le long d'une haie, où l'eau se trouvait à deux mètres de profondeur. Il avait beaucoup de peine à le croire, attendu que toutes ses fouilles, dans les environs, avaient été infructueuses ; et son étonnement augmenta encore quand il rencontra l'eau à la profondeur indiquée par moi.

Rien de plus simple que cette découverte, car dans cette haie croissait une herbe semblable au cresson de fontaines ; je l'avais remarquée dans toutes les sources du pays.

Le certificat de M. Roger, longuement détaillé, raconte que j'eus le bonheur *tout d'abord de capter sa confiance*, et qu'après un rapide examen des lieux, je lui signalai un emplacement, comme récélant un cours d'eau, à la profondeur de six ou sept pieds, et qu'ayant immédiatement fait mettre la main à l'œuvre, arrivé à six pieds de profondeur, l'eau jaillit *sous la pioche des travailleurs et les força à la retraite, remplissant la fosse à quatre pieds de hauteur.*

Ce supplément d'eau assurait d'une manière permanente l'écoulement de sa fontaine. C'est en suite de ce résultat si satisfaisant, dit-il toujours, qu'il a conçu la pensée de faire un narré succint de l'opération ; et, en citant cet exemple à lui personnel, il déclare qu'une foule d'autres semblables sont parvenus à sa connaissance.

Ceci est daté du 3 novembre 1849.

C'est contre mon habitude que j'ai donné un extrait détaillé de ce certificat. Il m'a paru contenir des renseignements plus utiles au lecteur que les formules banales de la plupart de ceux que j'ai recueillis. Du reste, si ces certificats de découvertes ne sont pas aussi nombreux qu'ils devraient l'être, c'est que malheureusement, entraîné par le courant de mes opérations, je ne pouvais prolonger mon séjour pour m'assurer du résultat des fouilles faites sur mes indications. Le plus souvent, oublieux de mes intérêts propres, ne prévoyant point alors l'œuvre que je devais entreprendre plus tard, je négligeais de m'informer de ces résultats et même de prendre des notes qui aujourd'hui me seraient fort utiles pour éclairer mes souvenirs; négligence que je regrette amèrement, pour le lecteur et pour moi.

Quoi qu'il en soit, je continue de recueillir les éléments qui sont en mon pouvoir.

Un des voisins de M. Roger, M. Giraud, bijoutier, avait aussi une maison de campagne dont la fontaine ne fournissait plus qu'un filet d'eau. Je lui trouvai une source d'un volume suffisant. Elle était située dans un pré où il avait déjà puisé le peu d'eau qu'il avait. Plus loin, mais le long du même côteau, j'avais aperçu des endroits remarquables par la verdure d'une végétation de bonne qualité. Il réussit à trouver deux sources, l'une à dix pieds, l'autre à quinze pieds de profondeur...

Le président du tribunal de Nyon, M. Rapp, jouissait naguère d'une belle fontaine, mais les travaux exécutés pour créer une route nouvelle en avaient intercepté et détourné les eaux. Comme elles avaient pris une direction opposée, on ne pouvait plus songer à les ramener chez lui. Il fallait donc en trouver d'autres.

Nos recherches eurent ce bonheur. C'était dans un terrain assez marécageux, ne produisant que la *lèche*, au-dessus duquel je trouvai un coin plus vert qu'aux environs. Convaincu que là naissance de la source était là, on fit les fouilles et l'on rencontra une belle source ayant assez de pente pour arriver à la fontaine avec une telle quantité d'eau qu'une partie fut abandonnée à l'irrigation d'une prairie.

Combien de terrains deviendraient fertiles si l'on en tirait les eaux qui nuisent à la végétation et qui seraient utilement employées à l'irrigation, si l'on savait leur procurer une issue et l'écoulement convenable.

Je revins du côté de Rolle et de Morges. Ce territoire, planté de vignes, et dont le sol est très-accidenté, offre de nombreuses difficultés pour la découverte des eaux souterraines. Ce sol renferme beaucoup de mollasse, avec des pentes rapides. Aussi, pour trouver de l'eau dans ces contrées, on est forcé d'employer des moyens dispendieux, de creuser des galeries ou des tunnels. Je ne m'y arrêtai point. Je poursuivis ma route jusqu'à Fribourg, où mon arrivée était annoncée par les journaux du canton, qui avaient publié maintes relations sur mes travaux et mes succès.

Dans ce pays, chaque propriétaire aime à posséder une fontaine dans sa cour, pour ne pas aller puiser l'eau chez le voisin.

Un notaire de Fribourg m'ayant fait appeler, me raconta qu'il avait une propriété voisine de la ville, mais privée d'eau. Son père avait déjà fait exécuter des travaux considérables pour s'en procurer, mais les recherches avaient été vaines.

En arrivant dans la propriété, le notaire me fit voir une galerie creusée par son père. Je l'ai déjà dit, dans ces terrains assis sur la mollasse, les travaux de recherche des eaux se font toujours de cette manière. On ne s'inquiète pas de s'assurer, avant tout, si l'on trouvera et où l'on trouvera une source. On creuse sur le point le plus avantageux et le mieux situé pour amener l'eau qu'on espère trouver à la fontaine établie d'avance, dans la cour de la maison. Mais la nature rebelle ne consulte pas les fantaisies ou les convenances humaines. Ce n'est point le hasard qui recueille ses bienfaits, qui profite de ses produits; c'est en étudiant avec attention les procédés qu'elle emploie, les principes qui la dirigent dans ses opérations, qu'on peut participer à ses libéralités et trouver le secret d'ouvrir ses trésors cachés.

Aussi le père de ce notaire, ne consultant que le hasard et sa convenance personnelle, avait perdu ses peines et son argent.

Cependant, à une distance de cinquante mètres à peu près des premiers travaux, et à une profondeur bien moins grande, une source d'un volume suffisant pour entretenir une bonne fontaine fut découverte sur mes indications.

Celle-là était située au coin d'une forêt où les sapins n'atteignaient pas la moitié de la hauteur qu'avaient leurs voisins. Ce fait anormal devait frapper les regards et attirer naturellement mon attention. Dans ces terrains composés de *mollasse* l'eau est plus nuisible, plus ferrugineuse que dans ceux où le gravier et le sable dominent. — Le notaire, charmé de son bonheur, en fit part à qui voulut l'entendre. Aussi les demandes m'arrivèrent en foule.

Le président des travaux publics de Fribourg me chargea de la mission de visiter les environs de cette ville et de rechercher de nouvelles sources pour augmenter le produit des fontaines. Mes recherches réussirent. Je trouvai entre autres un lieu qui recélait de l'eau ferrugineuse, bonne pour les bains. La végétation arrosée par ces eaux a des caractères particuliers qui la distinguent de celle qu'arrose l'eau ordinaire.

Ainsi, sur ce point, l'épine noire seule croissait ; point d'herbe, et le sol avait une teinte de fer rouillé. Dans tous les endroits qui possèdent des sources d'eau ferrugineuse, j'ai toujours trouvé ces remarques spéciales à la nature de la végétation et à la couleur du sol.

Je reçus à cette époque une lettre de trois personnes du Valais qui m'appelaient à leur aide pour surprendre un TRÉSOR caché à vingt-deux mètres de profondeur. C'était un de ces charlatants connus sous le nom de *tourneurs de baguette de coudrier*, encore très en crédit dans ces contrées, qui leur avait enseigné l'existence de ce trésor. Il devait se composer d'armures, en or et en argent ; de sabres, poignards, casques, etc., d'une valeur équivalent au moins à un *milliard*... ou un *million*, je ne sais plus au juste. On racontait là, comme ailleurs, que les Romains, dans une déroute, y avaient enterré ce trésor. Les révélations de la baguette de coudrier ne permettaient pas le moindre doute. Aussi les travaux avaient été commencés et poursuivis jusqu'à dix-sept et dix-huit mètres de profondeur, sans fatiguer les bras et le courage des travailleurs. A cette profondeur la lumière s'éteignait faute d'air ; on avait beau la rallumer, elle s'éteignait toujours. Evidemment, c'était l'esprit malin qui défendait de son mieux le trésor confié à sa garde. Aussi quelques-uns s'empressaient d'aller invoquer l'assistance de Dieu pour combattre l'influence du démon, pendant que les autres travaillaient.

Peu soucieux du but de cette fantastique entreprise, je dis à la personne qui m'avait amené sur le théâtre de ces opérations magiques : — Quel terrain avez-vous trouvé, en creusant votre puits ? — Nous avons toujours trouvé du rocher. — De quelle couleur est-il ? — Il est d'une teinte généralement bleue, comme celui de toutes les montagnes qui nous environnent. — N'y a-t-il pas au-dessous des rochers qui ressemblent à du granit ? — Oui. — Avez-vous remarqué que ces couches de rochers aient été bouleversées, remuées par la main de l'homme ? — Oh, non ! — Eh bien, par où sont donc passés ceux qui ont caché là ce trésor ? — Mon homme, à cette question imprévue resta ébahi. — Il n'y a pas de sorciers, ajoutai-je, si ce n'est dans le monde des savants, et encore... — Qui donc éteint notre lumière ? — Force me fut, à moi, indigne, de lui expliquer comme quoi, à mesure qu'on descend profondément sous le sol, l'air se raréfiant, la lumière s'éteint. Sans entrer dans des explications que je n'aurais pu lui donner scientifiquement sur la composition de l'air et de la lumière, je parvins cependant à lui faire comprendre que ce phénomène n'avait aucune cause occulte.

Néanmoins, sa croyance aux promesses du sorcier était encore médiocrement ébranlée : il fallut de nouveau appeler le bon sens à mon aide. — Si, dans l'emplacement où vous avez fouillé, vous aviez rencontré des terrains bouleversés, des couches arrachées de leur base, on pourrait à la rigueur supposer qu'on aurait pu venir dans ces montagnes isolées pour y enfouir des trésors ; mais puisqu'il est évident, — et vous ne pouvez en douter, — que le sol, ni à sa surface, ni au-dessous, n'a jamais subi les efforts d'un travail humain ; qu'il est encore tel que les siècles et les révolutions du globe l'ont formé ; hâtez-vous, croyez-moi, de combler le puits que vous avez creusé, et n'usez plus vos forces à cette corvée absurde.

Ces bonnes gens reconnurent enfin, mais non sans peine, qu'ils avaient été trompés.

Qu'on me pardonne le récit de cette aventure, qui n'est qu'un hors-d'œuvre dans cet ouvrage. C'est un de ces petits épisodes de voyage que ne dédaignent pas toujours les plus graves.

Arrivé à Martigny, toujours précédé par les annonces des journaux, je me trouvai tout à fait au milieu de la chaîne des Alpes.

La première demande qui me fut adressée, ce fut pour me rendre dans la vallée d'Outre-Mont, à gauche du Saint-Bernard. Il s'agissait cette fois d'une source d'eau thermale dont la température avait singulièrement baissé. Il y avait eu là, autrefois, des bains qui n'existaient plus depuis cette diminution du calorique que la source possédait jadis. La question consistait à savoir à quelle cause il fallait attribuer cet abaissement de température, et à trouver le moyen de la rétablir dans sa puissance primitive.

En présence de cette forte source qui ne pouvait plus servir, je demandai s'il n'y avait jamais eu de tremblement de terre qui ait pu en déranger le cours. — On ne sait pas, me répondit-on. — Eh bien, je vais vous faire connaître pourquoi votre source ne possède plus le même degré de chaleur que jadis.

L'explication était facile à donner. Sur une étendue de trois ares environ, le terrain s'était détaché des flancs de la montagne et, en glissant, avait laissé une crevasse, un vide entre la partie qui était descendue et celle qui était restée adhérente. Or, une source avait pris naissance dans cette crevasse, avait, dans son cours, mêlé ses eaux à la source chaude, et l'avait ainsi refroidie, car elle était au moins aussi forte que la première. Je désignai le point où il fallait prendre cette source pour l'entraîner d'un autre côté : il fallait creuser à la profondeur et même au-dessous de la crevasse, afin d'intercepter entièrement l'eau nouvelle. Mes conseils furent exactement suivis; aussi l'eau reparut aussi chaude qu'elle l'avait jamais été.

Etant encore à Martigny, M. Joseph Métroz, chanoine régulier du couvent du grand Saint-Bernard, me pria de me rendre dans un village situé sur la montagne de Ravoire, entre le mont Blanc et le Saint-Bernard. Le couvent possède sans doute des propriétés dans ces régions.

Arrivé au sommet de la montagne, et après avoir parcouru quelque étendue de terrain, j'indiquai deux places qui devaient contenir de l'eau en quantité suffisante. On s'étonnait, avec une apparence de raison, de ne point rencontrer d'eau sur la rampe inclinée de la montagne, tandis qu'elle était très-abondante au sommet.

Voici l'explication que je puis donner : le sommet se composait d'une couche végétale, assez épaisse, étendue sur une petite couche de glaise. Aussi toutes les eaux pluviales s'arrêtaient dans ce réservoir, entretenu encore par la neige qui y séjourne jusqu'au mois de juin et qui garantit le sol de la sécheresse. Ces contrées ne souffrent jamais autant de la sécheresse que les plaines de la France et de la Belgique.

Restait à trouver le point précis où l'on pourrait recueillir ces eaux. J'expliquai au chanoine comment il devait opérer. Il me comprit très-bien ; fit exécuter les travaux et découvrit les deux sources que je lui avais indiquées, à une très-petite profondeur.

Entre Martigny et Sion, on trouve les bains *Sasson*, qui sont assez fréquentés par les étrangers. Mais la source thermale étant aussi mélangée avec l'eau froide d'une autre source, il s'agissait de détourner cette dernière.

Après un mûr examen des difficultés, je déclarai que l'opération était impraticable. Il aurait fallu creuser, au pied de la montagne, une galerie pour intercepter la source froide ; mais les rochers avaient une inclinaison directement opposée à celle qui aurait pu permettre la tentative. Puis, en se privant d'une source, les bains n'auraient pas eu assez d'eau. Enfin, je conseillai d'en rester là.

On m'attendait depuis quelque temps à Sion. Je visitai dans plusieurs communes les pâturages qui avoisinent les glaciers. Un habitant de Sion, possédant une propriété sur une de ces montagnes, avait fait plusieurs fois des travaux pour trouver de l'eau, mais il n'avait pas encore réussi. Je lui signalai un endroit où il trouva abondamment et à cinq pieds de profondeur l'eau que je lui avais promise. Il fut très-étonné de trouver de l'eau si près de l'endroit où il avait fait tant de fouilles inutiles. Cependant ce cours d'eau se faisait remarquer d'une manière sensible. C'était à l'origine d'une petite vallée, où il croissait une herbe à larges feuilles rondes et une petite fleur jaune, s'élevant sur une tige de quinze à dix-huit centimètres. Cette végétation particulière se montre toujours, dans ces montagnes, aux environs ou sur le passage des cours d'eau, surtout quand ces cours d'eau ne sont pas trop profonds. Plus les feuilles de cette plante sont larges et moins la source est profonde.

Je me rendis ensuite chez les frères Brounn, qui tiennent un grand hôtel aux bains de Louëche. La position de ces bains, au sommet d'une montagne et près des glaciers y attirent un grand nombre de voyageurs qui y séjournent tout l'été. Malgré le voisinage du glacier, l'eau possède une température si élevée qu'on remplit la baignoire le soir pour celui qui veut prendre un bain le matin.

La source thermale appartient à la commune qui en tire un bon profit.

Les frères Brounn, propriétaires d'un terrain près de cette belle source, se livrèrent au doux espoir d'en trouver une semblable pour l'exploiter à leur compte. On rencontrait en effet, sur ce terrain, des endroits assez nombreux où suintaient et circulaient des filets d'eau chaude; mais tous ces produits réunis étaient trop faibles pour fournir le volume d'eau nécessaire à leur établissement.

Les sources d'eau chaude sont loin d'être aussi faciles à conquérir que celles d'eau froide. — Les sources thermales jaillissent des profondeurs de la terre. Les conduits qu'elles se sont ouverts, dans les endroits où elles jaillissent naturellement, sont assez larges pour les laisser passer, tandis que là où il faudrait forcer le passage, il est impossible de l'élargir à cause de la profondeur.

La sonde n'y pourrait rien, car elle descend en ligne perpendiculaire et l'on ignore toujours si le conduit que l'on voudrait sonder suit la perpendiculaire ou s'il ne décrit pas des zigzags en inclinant tantôt à droite, tantôt à gauche.

Il fallut donc renoncer à cette entreprise chimérique.

Cependant je fus encore appelé, pour une opération de ce genre, dans la vallée de Louëche, du côté du Saint-Gothard. On désirait aussi trouver de l'eau chaude pour créer des bains. On avait remarqué, me dit-on, un endroit, au sommet de la montagne, où la neige ne pouvait prendre pied ; jamais on n'en avait vu séjourner là, tandis que partout ailleurs elle s'entassait en couches de quatre à cinq mètres. Le sol reste toujours visible ; les arbres se couvrent de feuilles quinze jours avant ceux qui les avoisinent. L'hiver, quand le froid est revenu, on voit s'élever de ce point une fumée, ou plutôt une vapeur épaisse, comme si l'on y entretenait du feu, etc., etc.

— Très-bien ! répondis-je à toutes ces explications. J'accorde que vous avez là de l'eau chaude, mais elle pourrait bien être à deux ou trois cents pieds de profondeur et la sonde ne pourrait y parvenir. — Il n'en fut plus question.

En revenant dans le canton de Berne, je m'arrêtai à Delémont, où je trouvai une source dans la propriété d'un notaire, et à deux cents mètres de sa maison. Voici de quelle manière cette source s'est offerte à mes investigations.

Elle était située dans un pré, et le moment de le faucher approchait. Je remarquai que sur ce point l'herbe était couchée et flétrie, tandis qu'elle restait verte et droite partout ailleurs. Je demandai la cause de cet accident particulier ; elle était ignorée ; seulement la même chose se renouvelait chaque année. En m'approchant davantage, j'aperçus du petit cresson pareil à celui qui croît aux bords des fontaines. Je n'avais plus à douter et je déclarai à ce notaire qu'il avait là une source peu profonde, à deux mètres seulement.

On faucha aussitôt; on creusa et l'on trouva ce qu'on cherchait. Le notaire déclare dans son certificat, que malgré la sécheresse la source n'a jamais tari.

Ces révélations et ces témoignages de la nature m'ont toujours inspiré la plus grande confiance; je ne saurais trop le répéter.

Dans un village, appelé les *Enfers*, je trouvai deux sources au milieu des pâturages, dans du sable rouge, aussi rouge que du sang. Je n'ai jamais vu autre part un terrain de cette nature. Tous les autres indices se présentaient sous les mêmes apparences. L'eau était ferrugineuse, et rien ne croissait sur ce sol, ni bois, ni herbes. Je demandai raison de cette absence de végétation toute locale; on me répondit que jamais on n'en avait remarqué davantage; d'où je conclus qu'il y avait sous ce sol aride quelque chose d'extraordinaire. J'avais deviné juste. Dans les endroits parcourus par des eaux ferrugineuses, il est rare de trouver autre chose que l'épine noire.

A la Chaux-de-Fonds, un M. Robert avait une propriété près de la ville, avec maison de fermier, etc.; mais pas d'eau. Et dans ces montagnes, le produit le plus important, c'est le fourrage qui est la nourriture du bétail. C'est la patrie de ces grasses et belles vaches que l'on admire partout. Aussi c'est là que se fabrique le meilleur fromage de gruyère. On comprend combien l'eau est recherchée dans ces régions.

J'indiquai à M. Robert une place contenant assez d'eau pour faire une fontaine, en remplacement d'une autre qu'il avait perdue. — Les vaches ne pâturaient jamais en cet endroit, parce qu'elles n'y trouvaient que des plantes marécageuses. M. Robert, adoptant mes explications, fit exécuter les travaux et n'eut pas lieu de s'en repentir.

Il certifie, en me témoignant sa satisfaction, *que malgré la grande sécheresse cette source est devenue plus abondante qu'elle ne l'avait jamais été.*

L'industrie importante de la Chaux-de-Fonds, est, comme on le sait, l'horlogerie, qui nourrit les vingt mille habitants de cette ville. Placée au milieu des plus hautes montagnes du Jura, cette ville est privée d'eau de source. Elle n'a pour s'abreuver que des puits dont l'eau malsaine engendre souvent des maladies. Elle avait déjà fait beaucoup de sacrifices pour se procurer de l'eau; mais il fallait la trouver sur un point assez élevé pour qu'elle put être distribuée convenablement.

J'indiquai donc plusieurs sources sur un petit plateau dominant la ville. Ce plateau était marécageux, rempli de tourbières. Et les tourbières ne se rencontrent que dans des terrains où l'eau séjourne constamment. Aussi, l'eau qui sortait de ces tourbières n'était pas potable. Il fallut y renoncer, et en trouver d'autre.

Un peu plus haut, je crus trouver ce qu'on cherchait. Les autorités de la ville firent exécuter les fouilles au lieu que je désignais. Les ouvriers creusèrent environ six à sept mètres; l'eau apparaissait en plusieurs endroits, mais pas assez abondamment pour abreuver une si nombreuse population; on courait risque d'être obligé de traverser les tourbières et de recevoir des eaux mélangées. Il fallut encore abandonner les travaux.

Tout espoir était perdu!

J'ai déjà parlé d'une cause souvent ignorée, qui fait disparaître des sources sur lesquelles on pouvait compter; c'est-à-dire des *entonnoirs*. Or, au-dessous des tourbières il existait un entonnoir qui absorbait toutes les eaux de ce petit vallon. Les eaux des tourbières y pénétraient aussi par les fissures d'un sol mouvant et crevassé.

Donc, aucun moyen n'existe pour trouver de l'eau de source à la Chaux-de-Fonds. Cependant, je sais qu'en 1858, un homme armé de la baguette de coudrier se présenta avec assurance. Vainement on lui fit entendre qu'il ne trouverait rien; il s'obstina, encouragé par l'espérance de faire sa fortune. Il fouilla à ses risques et périls jusqu'à trente-deux mètres, et finit par renoncer à sa malheureuse entreprise. — Amy, l'avait bien dit, lui répétait-on!

De là, je me dirigeai du côté du Noirmont et du Val-Saint-Imier.

Au premier village de cette vallée, sur l'invitation du notaire du lieu, je parcourus une jolie propriété sans eau. Dans un coin de terre situé derrière la maison, je trouvai de l'eau dans trois endroits, et je désignai au propriétaire le lieu où l'eau était la moins profonde, affirmant qu'avec deux hommes, et en moins de deux heures, on la trouverait.

Immédiatement il mit des ouvriers à la besogne, et je leur recommandai de creuser jusqu'à un mètre cinquante centimètres, puis de venir nous chercher. Deux heures après environ, un de ces hommes accourut et nous dit :
— Venez vite, la source est trouvée!

Quand nous arrivâmes, l'eau s'élevait déjà à la moitié de la profondeur de la fosse. Je leur enseignai ensuite ce qu'il fallait faire pour diriger l'eau dans la cour de la maison. Ces divers travaux exécutés remplirent parfaitement le but qu'on se proposait.

Les indices qui me révélèrent l'existence de cette source se prononçaient de la manière la plus satisfaisante.

Dans un espace, comprenant une étendue de quatre à cinq mètres, le sol était teint d'une couleur plus foncée, plus brune, se détachant du reste; la couche végétale était aussi plus grasse. Elle venait d'être tout fraîchement labourée, et la végétation n'avait pas encore eu le temps de se montrer. Je demandai au fermier s'il ne poussait pas, au travers du blé, une herbe ayant de larges feuilles rondes et de petites fleurs jaunes; il me répondit affirmativement, en ajoutant qu'on ne pouvait détruire cette plante; que malgré tous les soins de culture, elle repoussait toujours. Aussi mes soupçons, appuyés de ce témoignage, ne tardèrent pas à être confirmés par le fait.

A Moutier-Grand-Val (canton de Berne), j'indiquai plusieurs sources à M. Récley, ancien préfet. Il me conduisit ensuite dans une de ses propriétés près de Bâle.

En arrivant, et même avant de descendre de voiture, je savais déjà de quel côté je devais me diriger. Aussi, grand fut son étonnement quand je lui annonçai que je connaissais l'endroit où j'espérais trouver une bonne source. Je le conduisis moi-même à l'extrémité du champ qui aboutit à la maison d'habitation, et je désignai l'endroit qui contenait la source. C'était encore un changement de couleur à la surface de ce sol, toujours d'une teinte plus brune. On n'y récoltait jamais de blé; l'herbe seule y trouvait des sucs nourriciers; c'était une sorte de pourriture inhérente au sol. Aussi, creusé à trois mètres, il laissa sortir la source.

La même personne m'adressa ensuite au curé de la commune où était située sa ferme et me donna heureusement une recommandation écrite en allemand, car le curé ne parlait que l'allemand. L'intervention d'un interprète devint nécessaire.

Je désignai, dans un champ de desserte, une petite source peu profonde, toujours guidé par les mêmes moyens, et surtout par le sol couvert d'une tache noire, sur une étendue de deux mètres environ.

J'opérai encore dans quelques communes où l'on ne parlait que l'allemand. Mais rebuté par la difficulté de me faire comprendre, je revins en France et je rentrai chez moi pour me reposer.

La *Sentinelle du Jura* ayant annoncé mon retour, plusieurs personnes des environs m'appelèrent, entre autres M. Bouzon, à Jonney, hameau de Plainoiseau. Ce propriétaire désirait trouver de l'eau pour irriguer ses prairies. Je lui indiquai plusieurs endroits. Sur un point on réussit assez bien; mais l'autre source était trop profonde pour servir à l'irrigation.

Ce domaine est situé au versant d'une montagne dont le sommet est formé de calcaire, au-dessous duquel se trouve une couche de marne argileuse qui arrête l'eau et la laisse écouler dans de petits creux où la terre végétale est plus abondante. Dans ces positions-là, il ne se rencontre jamais de fortes sources, parce que leurs eaux sont trop divisées.

M. Bouzon déclare, dans son certificat, que la source a été trouvée juste au point désigné, à la profondeur de un mètre cinquante centimètres, et qu'elle peut être d'un grand avantage.

La commune du Louverot (département du Jura), n'avait pas de fontaine jaillissante ; les habitants allaient puiser l'eau dont ils avaient besoin, dans un creux, une mare, où leur bétail allait également s'abreuver. Aussi désiraient-ils ardemment trouver une source dont ils puissent profiter.

Je parcourus le territoire de cette commune, et j'indiquai deux sources, dans les vignes, près du village. On fit les fouilles et l'on trouva l'eau aux deux endroits marqués.

Pour la première source, je m'arrêtai dans un pré qui s'étendait au-dessous et d'où l'eau jaillissait en abondance, dans les temps de pluie surtout, sur plusieurs points à la fois. Malheureusement l'eau descendait trop bas pour pouvoir être dirigée vers la fontaine ; elle ne pouvait arriver que dans la mare dont j'ai parlé. — Il fallut y renoncer.

L'autre source, plus élevée, permettait de placer la fontaine en quel endroit du village que l'on voulut choisir. C'était la plus forte des deux, et elle sortait au pied d'un petit côteau assez escarpé. Ce côteau se composait de rochers calcaires qui aboutissaient sur ce point. Au-dessous s'étendait une couche argileuse, où venaient se réunir les eaux recueillies par ce côteau ; elles refluaient même dans le pré, pendant les pluies.

Ces résultats sont attestés par un certificat signé du maire et des membres du conseil, en date du 22 février 1849.

Ces sources, disent-ils, *étaient inconnues jusqu'alors, et n'avaient pas été indiquées par l'abbé Paramelle qui, il y a peu d'années, a exploré notre territoire, et n'en avait indiqué qu'une qui a été abandonnée, comme insuffisante aux besoins publics.*

Le président du tribunal de commerce de Lons-le-Saulnier, cherchant de l'eau dans sa propriété, à peu de distance de la ville, me la fit visiter. Il avait déjà fait plusieurs tentatives pour se procurer l'eau qui lui manquait, tentatives toujours infructueuses. Il savait, comme je le lui déclarai, que sa maison était placée sur un cours d'eau, il en entendait le bruit dans sa cave. Cependant, il avait sondé en maint endroit sans rencontrer l'eau.

J'examinai les couches du rocher, et après avoir reconnu dans quelle direction elles s'inclinaient, je lui dis : — L'eau que vous avez dans votre cave passe *ici*, mais pas aussi profondément que là-haut !

Les rochers descendaient et s'arrêtaient au-dessous de la maison. Je marquai l'endroit où les fouilles devaient se faire, et la source se montra. — Je n'avais, pour reconnaître cette source, aucune étude à faire que celle que me fournissait la configuration du terrain, l'inspection des couches du sol et des côteaux voisins.

Dans une autre commune du département du Jura, à Crilla, près de Clairvaux, où l'abbé Paramelle avait indiqué une source, l'autorité municipale fit faire les travaux par un entrepreneur ; fouilles de creusage, terrassements, conduits pour amener l'eau à la fontaine, rien ne fut négligé ; la source trouvée, on travailla au bassin de la fontaine, etc. Cependant l'eau n'arrivait pas en quantité suffisante. L'entrepreneur reprit et poursuivit les travaux ; mais il rencontra une roche qu'il fallut faire sauter à la mine. L'explosion eut lieu, mais la source disparut ; la fontaine fut tarie. — Grande rumeur parmi les habitants. On accusait l'entrepreneur ; on voulait qu'il creusât plus profondément ; mais alors la source n'aurait point eu assez de pente pour envoyer ses eaux à la fontaine. Il fallait la changer de place, difficulté nouvelle pour en trouver une plus favorable, en rapport avec le niveau d'écoulement de la source.

Ce fut au milieu de ces embarras et de ces perplexités qu'on eut recours à moi.

Après avoir écouté le récit que je viens de résumer, nous allâmes visiter les lieux, escortés de tous les habitants du village, femmes et enfants, curieux de voir si l'on retrouverait cette eau perdue. J'examinai d'abord la situation des lieux et les travaux exécutés. — Le mal n'est pas aussi grand que vous pensez, dis-je ; votre source était divisée en plusieurs filets qui circulaient à travers le gravier. Eh bien ! vous allez la retrouver, réunie tout entière au même endroit ; c'est une bonne source. — Je désignai la place où elle se trouvait, à vingt mètres de distance de la première et un peu plus haut. Elle avait dès lors assez de pente pour entrer dans le cabinet d'eau préparé. Ils se mirent à l'ouvrage de suite, et le lendemain la source reparut.

Cette opération était des plus simples. On avait d'abord creusé au pied d'un petit côteau dominant la plaine. L'eau s'épanchait dans cette plaine, au travers du gravier, qui la divisait en petit filets. Or, en serrant le côteau de plus près, on trouvait cette source rassemblée, au fond d'un creux composé de graviers.

Un autre village, Cogna, plus rapproché de Lons-le-Saulnier, avait aussi besoin de fontaines. En parcourant ce territoire, je m'arrêtai dans une carrière abandonnée depuis quelque temps ; je remarquai que tous les débris étaient couverts d'une mousse très-verte, qui tapissait aussi les bords que n'avaient pas touchés les ouvriers; l'herbe même y poussait, quoiqu'il n'y eut pas de terre végétale. Sûr de tous ces témoignages, j'affirmai au maire qu'une source était cachée dans cette carrière; et son certificat, du 15 janvier 1851, atteste que la source est très-abondante.

M. Duchêne, propriétaire à Cressia, a fait construire une usine à plusieurs scies, pour scier du tuf; plus un moulin à blé et un battoir. Mais il était loin d'avoir assez d'eau pour faire mouvoir toutes ces machines. Sur mes indications, il trouva trois sources qui renforcèrent son cours d'eau d'un volume considérable. Il avait cependant aussi reçu la visite de l'abbé Paramelle qui lui avait marqué un emplacement, mais il n'y avait encore rien trouvé, quoiqu'il y travaillât toujours.

Ces sources sont des plus remarquables parmi toutes celles que j'ai découvertes. Elles sont situées à la pointe d'une montagne peu élevée, mais assez étendue. D'un côté de la montagne est une vallée privée d'eau, quoiqu'elle soit au-dessous du point où j'ai découvert les sources. Je fus obligé de changer de méthode et d'employer d'autres moyens pour les rechercher.

Je remarquai d'abord que les couches de rochers et de glaise se prolongeaient d'un bout de la montagne jusqu'à cette pointe. Toutefois, je ne pouvais espérer que des sources puissent arriver sur ce point, car la terre végétale y était accumulée; puis au-dessous un lit de gravier qui absorbait les eaux. Ces eaux allaient ensuite se perdre au fond d'un entonnoir. Je fis donc diriger les fouilles dans un endroit où l'eau circulait encore sur un terrain imperméable, adhérent à la montagne même.

Je comptai trois couches de rochers assises alternativement sur trois couches de glaise ; et je constatai l'existence d'une source entre chacune de ces couches de rochers et de glaise. L'eau ne pouvait point sortir ailleurs ; cependant personne ne l'avait remarquée. Mais, une fois les sources trouvées, chacun prétendit que c'était très-simple et très-facile ; sans doute, c'était très-simple, mais il fallait le savoir.

J'allai ensuite à Pymorin, chez M. Jobard. Dans ce village, je rencontrai des éléments d'opération d'une nature bien différente.

Ce lieu, situé au sommet d'un petit côteau formant une pente de tous les côtés, était privé d'eau. La première couche du côteau se composait d'un gravier sablonneux, au-dessous duquel la glaise reposait étendue sur une roche calcaire. Ces rochers étaient couchés horizontalement, sans aucune espèce d'inclinaison. L'eau s'arrêtait là comme si elle eût été déposée dans un réservoir.

La source découverte n'a jamais tari.

Je partis à cette époque pour le Dauphiné, curieux de savoir si je rencontrerais plus de difficultés dans une contrée que dans une autre, si ma méthode ne rencontrerait point d'obstacle en changeant de terrain.

Quoique j'eusse déjà expérimenté une partie du territoire suisse, je n'étais pas encore bien sûr que la pratique de mon système fut d'une application générale, sauf, bien entendu, les exceptions et les accidents que j'ai réservés, et dont il n'est pas donné à l'intelligence humaine de répondre.

Arrivé à Grenoble, quelques annonces de journaux suffirent pour m'attirer un grand nombre de demandes.

Je commençai le cours de ces nouvelles explorations au profit de MM. Perrier, propriétaires d'un domaine, à côté du fort la Bastille, passage qui conduit à la Grande-Chartreuse. J'eus le bonheur de rencontrer en plusieurs endroits de ce domaine de petites sources, dont l'une n'était qu'à un mètre cinquante centimètres de profondeur. Je séjournai vingt-quatre heures pour diriger les ouvriers dans l'exécution des travaux. Il me convenait parfaitement, à mes débuts dans ces contrées, d'assister aux recherches et d'en étudier les phases et les résultats. Le lendemain, la source se montra, sous les mêmes auspices, et dans les mêmes circonstances, exactement conforme aux règles qui m'étaient si familières. — Pour les autres sources, je les abandonnai aux soins de MM. Perrier, suffisamment renseignés par moi.

Ainsi, d'après ce résultat, je ne trouvai rien à changer, rien à modifier, à la méthode que j'ai adoptée et que j'enseigne, quoique ces contrées soient bien élevées.

Au-dessus des sources dont je viens de parler, j'avais reconnu le calcaire et au-dessous une couche d'argile. Dans ces trois endroits la couleur du sol était sensiblement plus brune, ainsi que la végétation, que celle des lieux voisins. J'étais toujours en pays de connaissance.

A la requête du receveur général du département de l'Isère, j'allai visiter une propriété qu'il possédait, sur la route de Chambéry. C'était une plaine peu éloignée de la montagne. Le parc renfermait une fontaine, qui malheureusement ne fournissait pas toujours de l'eau; elle s'arrêtait souvent comme une machine dont les ressorts sont dérangés. Pendant presque toute l'année des ouvriers étaient occupés à la réparer. Aussitôt que j'eus examiné la position, je devinai la cause de ce désordre.

J'explorai encore le parc et les environs, et je déclarai qu'il n'existait qu'un moyen pour faire produire la fontaine régulièrement, sans avoir à craindre qu'elle s'arrêtât jamais.

Il fallait reprendre la source sur un point plus élevé, au-dessus de la première. C'était toujours la même ; mais en plaçant les tuyaux de conduite à sa naissance, sur un point culminant, j'étais sûr qu'elle ne varierait plus.

Le résultat répondit à mes prévisions et prouva que je ne m'étais pas trompé.

La sonde trouva l'eau à deux mètres au-dessus du niveau de la source du parc. C'était justement cette différence de niveau qui expliquait l'intermittence de la première source et sa disparition quelquefois complète. On était forcé d'élever un barrage pour la faire monter jusqu'au niveau de la fontaine. Mais ce moyen violent avait ses inconvénients. Dès qu'on entreprend de forcer un courant d'eau à sa naissance, surtout en plaine, on peut être sûr que ce cours d'eau se perdra, c'est-à-dire changera de lit, et s'en creusera un autre à la longue. — C'est ce qui était arrivé dans cette propriété.

De temps en temps le propriétaire envoyait chercher des ouvriers experts, des maîtres maçons, qui, ne pouvant deviner la cause du mal, s'en prenaient au barrage, accusant sa construction défectueuse. On le recommençait ; l'eau revenait à la fontaine et coulait pendant six mois, quelquefois un an ; puis tout à coup, elle ne venait plus, et on la tracassait de nouveau.

Cependant, il me semblait bien facile de comprendre

qu'aussitôt qu'une abondance d'eau affluait dans la source, le cours de cette source étant entravé par le barrage, ces eaux se précipitant avec violence, finissaient par se frayer un nouveau passage et s'enfuir d'un autre côté, entraînant dans ce lit naturel toutes les eaux de la source.

La cause du mal, reconnue et constatée, le remède le plus efficace pour le guérir, consistait à remonter le courant de la source. Elle ne pouvait venir d'aucun autre côté que de celui que je désignai, c'est-à-dire d'une petite pente douce descendant de la montagne, tandis que l'Isère roulait au côté opposé. La source avait sur ce point quatre mètres cinquante centimètres de profondeur.

A une petite distance de cette localité, un propriétaire ne se trouvait pas assez riche en eau. Il avait rencontré un Suisse qui prétendait posséder le moyen ou l'art de découvrir des sources; du reste, il assurait qu'il ne se servait pas de la baguette de coudrier. On le mit à l'épreuve.

En explorant les lieux, le *sourcier* leva les yeux au ciel, fixa son regard pendant quelques minutes, puis, avançant quelques pas, il s'écria tout à coup : — Vous avez une belle source ici; je viens de l'apercevoir.— Il paraît, lui répondit ce monsieur, que vous me prenez pour un imbécille qui va s'imaginer qu'en regardant en l'air, on trouve l'endroit où il y a une source ! — L'autre reprend : C'est un petit brouillard que j'aperçois, qui me fait découvrir la source. — Si vous me disiez que c'est en examinant le terrain, je vous croirais mieux. Le prétendu sourcier fut incontinent congédié.

J'explorai à mon tour cette même propriété; mais il était impossible d'y trouver assez d'eau pour alimenter une fontaine, car il n'y avait pas assez de terre végétale sur la glaise. Cependant cette propriété est située à la base d'une montagne assez élevée, et aux deux tiers de la rampe on aurait pu trouver de belles sources. Le sommet de la montagne étant formé d'une couche de rochers assise sur la glaise, on peut toujours espérer de l'eau dans ces positions; car c'est entre le rocher et la glaise (1) que se forment les sources, quelquefois même près du sommet.

Une lettre m'appela à Ponchara, dernier village de France du côté de la Savoie. Ce village n'avait pas de fontaines, et cependant il est au pied de montagnes très-élevées qui appartiennent à la chaine des Alpes. Je rencontrai sur ce territoire un petit côteau où était bâti un vieux château, appelé le Château Bayard.

Du côté de ce château, le long d'un chemin, je remarquai tous les caractères naturels qui signalent la présence d'une source. A côté de là, dans un petit pré, j'en découvris une autre qui pouvait avoir un mètre de profondeur seulement. Ce petit coin de pré était si rempli de mauvaises herbes qu'on ne les fauchait que pour faire du fumier. Parmi ces herbes, je découvris celles que je connaissais, à leurs larges feuilles; enfin j'aperçus le cresson. C'est là où je m'arrêtai pour marquer le point des fouilles.

(1) La glaise se distingue de l'argile, au dire des naturalistes, en ce qu'elle ne contient que peu ou point de parties sableuses; elle ressemble à une argile fine qui serait privée de sables; on l'emploie pour retenir l'eau dans les canaux, les étangs, les réservoirs. C'est à la propriété que la glaise a de retenir les eaux et de ne point leur donner passage que sont dues la plupart des sources et des fontaines que nous voyons sortir de la terre. Elle se trouve, non-seulement à la surface de la terre, mais à une grande profondeur.

(Valmont de Bomaré, *Dict. d'hist. nat.*)

On y trouva en effet de l'eau en abondance et qui jaillissait à gros bouillons, non pas par les côtés du terrain, mais du fond même de la fosse. J'ai découvert peu de sources dans de meilleures conditions que celle-là.

Les habitants de ce village, privés d'eau depuis si longtemps, n'espéraient point en trouver dans ce lieu. Cependant une grande partie de leurs cultures exigerait les travaux du drainage pour devenir plus fertiles, tant les eaux y sont abondantes.

J'avais déjà reçu plusieurs demandes pour aller du côté de Chambéry. Je me déterminai enfin à y aller passer quelques jours, toujours dans le but d'approfondir les secrets de la science que je tâchais de m'approprier, en variant la nature de mes expériences et les instruments avec lesquels j'opérais, c'est-à-dire le sol dans ses configurations diverses et la végétation dans ses produits divers. Pour fortifier et perfectionner mon expérience, je n'avais point de meilleur moyen que de marcher toujours du connu à l'inconnu.

Cédant à l'impulsion de cette pensée dominante, je fis un assez long séjour en Savoie. En arrivant, je me mis à l'œuvre; car j'avais fait annoncer ma présence par les journaux.

Près d'Annecy, chez un géomètre-architecte, je trouvai plusieurs sources; tandis que chez son voisin, un notaire, il n'y avait aucun espoir d'en trouver. Le premier pouvait jouir d'une source ferrugineuse, à trois mètres de profondeur, au pied d'une montagne, dans un verger, portant les mêmes indices que j'avais déjà remarqués dans les diverses contrées de la Suisse : une végétation rouillée, d'une nuance jaunâtre.

Je parcourus les environs de la ville d'Annecy, qui ne possède pas de fontaines publiques. Cependant elle pourrait s'en procurer assez facilement, car il existe une source assez abondante, peu éloignée de la ville. Entre la terre végétale et la couche d'argile, on trouve un lit de gravier de vingt-cinq à trente centimètres d'épaisseur, sur une pente douce qui descend jusqu'au lac. Cette source se manifeste visiblement par deux ou trois buissons de *massole*, végétant sur un sol si mouvant qu'il tremble sous les pieds. Ce lieu est situé au pied d'une montagne dont les couches calcaires sont toutes inclinées de ce côté. Il est évident qu'une grande partie des eaux répandues sur ces couches se dirigent sur ce point.

Malheureusement la Savoie, qui maintenant est annexée à la France, est loin d'atteindre le niveau du progrès que la France possède. La partie qu'on parcourt pour aller d'Annecy à Chambéry, en passant par Aix-les-Bains, est cependant une des parties de ce territoire les plus éclairées.

A Chambéry, des lettres m'attendaient et m'appelaient du côté de Saint-Jean-de-Maurienne.

En arrivant dans un village dont le nom échappe à mon souvenir, le maire me dit qu'il allait appeler M. le Curé. — Comme vous voudrez, lui répondis-je ; mais il me semble qu'il serait plus convenable de convoquer les membres de votre conseil. — On ne fait rien sans la présence et l'approbation de *Monsieur le Curé*. Il n'y a que lui, dans notre commune, qui soit capable d'écrire une lettre; car il y a peu d'hommes de ma génération qui sachent signer leur nom. — Vous n'avez donc point de maître d'école? demandai-je. — Si, maintenant nous en avons un qui instruit les enfants de trois villages. — Quand vient l'hiver, où vous avez dix et quinze pieds de neige, ces enfants ne peuvent aller à l'école. — Oh ! l'hiver, nous n'avons plus d'enfants à envoyer au maître ! — Où sont-ils donc? — En France. Ces petits ramoneurs de cheminée que vous avez dû voir souvent sortent tous de nos villages. En été, ils y reviennent passer deux ou trois mois pour apprendre le catéchisme et quelquefois un peu à écrire, pour qu'ils puissent au moins signer leur nom. — Mais vous, monsieur le maire, vous avez sans doute un secrétaire? — Moi, je sais signer mon nom; et il n'y a que M. le Curé qui puisse écrire convenablement et servir de secrétaire au conseil.

Je n'en demandai pas plus.

En parcourant le territoire de ce village, cherchant un moyen de trouver de l'eau à ses pauvres habitants, je désignai plusieurs endroits. Tous les regards étaient fixés sur moi. On ne pouvait pas croire que je pouvais deviner où il y avait de l'eau sans employer aucun instrument. L'un disait à l'autre : — Je crois qu'il est sorcier. — Le curé, qui entendit ce propos aussi bien que moi, se mit à rire et moi aussi.

Un siècle plus tôt, ce mot aurait pu m'inquiéter et m'attirer quelque fâcheuse affaire.

Cependant, dans ces régions, l'eau est très-facile à trouver. La moitié du sol cultivé consiste en prairies, et l'affluence des eaux est telle qu'elle nuit à la végétation de la plus grande partie de ces prairies. Et quoique l'eau coule sous les yeux de tout le monde, détruit les fourrages, on ne peut s'imaginer qu'on pourrait la recueillir et l'utiliser pour créer des fontaines. M. le curé seul pouvait comprendre suffisamment mes explications; je ne sais s'ils en ont profité.

Je revins à Chambéry et de là à Grenoble, sans regretter la Savoie.

Des lettres m'attendaient à Grénoble, et je ne tardai pas à reprendre le cours de mes explorations.

Une commune, située à vingt-cinq kilomètres de Grénoble, appelée *Voreppe*, avait perdu une source qui laissait sa fontaine sans eau. Il ne me fallut pas beaucoup d'efforts d'intelligence pour deviner la cause de la perte de cette source.

Elle est située à peu de distance d'un ruisseau qui descend des montagnes, sur une pente assez rapide. Ce ruisseau devient quelquefois un torrent, qui, dans les grandes abondances d'eau, entraîne avec lui du sable et du gravier. Ces matières, sables et graviers, se combinant avec le terrain argileux et compact de la montagne, forment un ciment que rien ne peut traverser. Ce ciment avait eu assez de force pour intercepter la source, trop rapprochée du cours de la rivière. Du reste, j'étais parfaitement sûr que cette source n'était pas un produit de la rivière, qu'elle ne lui empruntait pas ses eaux, mais qu'elle descendait directement de la montagne. Son passage était nettement tracé sur une ligne de parcours assez prolongée. Je fis exécuter les fouilles dans un emplacement éloigné de quarante mètres du cabinet d'eau et de six mètres plus élevé que le ruisseau. On y trouva une forte source que son élévation met à l'abri de tout accident.

Les sources situées près des rivières sont souvent dérangées par le débordement des eaux de la rivière.

Sur un avis du maire de Saint-Christophe, qui m'envoya chercher avec une mule, je me dirigeai, ou plutôt un guide me dirigea vers cette commune. En route, je demandai à mon guide : — Saint-Christophe est-il bien loin d'ici? — C'est là-haut, sur cette montagne. — Diable! et combien nous faut-il de temps pour monter? — Cinq heures! — Où passe-t-on? je ne vois que des rochers et point de chemin. — On passe là-haut, me répondit le guide; le long de ces rochers, il y a une route que nous prenons pour venir au marché de Bourg-d'Oisans.

Nous marchâmes encore pendant deux heures. Tout à coup une roche perpendiculaire se dressa devant nous, et la route, découpée comme un ruban autour de cette roche, avait, en certains endroits, de trente à quarante centimètres de largeur, place à peine suffisante pour le pied de la mule.

— Est-ce là la route dont vous m'avez parlé, demandai-je à mon guide? — Mais oui; il n'y en a pas d'autre. — M'aurais-tu amené ici pour m'assassiner? — Oh! non; vous ne risquez rien. — Eh bien, je descends de la mule; j'ai plus de confiance dans mon pied que dans le sien; si la mule faisait un faux pas, je descendrais à peu près à huit cents mètres de profondeur... et je n'aurais pas le temps de les mesurer.

Je m'acheminai donc tout doucement sur les pas de la mule et de mon guide. Après une heure environ de cette terrible et inquiétante ascension, cette roche menaçante nous abandonna, sans me laisser des regrets, bien entendu. Ce n'est pas que nous fussions arrivés, mais au moins le danger avait disparu, et je remontai sur la mule.

En arrivant chez le maire, qui nous attendait, je voulais de suite commencer mes opérations, espérant repartir le lendemain. Le maire me dit : — Je crois que vous en avez au moins pour deux ou trois jours. Vous avez à visiter notre territoire et celui des petits hameaux qui en dépendent; on en compte une douzaine. La commune, sans être forte, est très-étendue. Nous mesurons plus de six lieues pour la traverser; quelques maisons sont semées dans ce vaste espace.

Je restai là pendant trois jours. Quoique ce village soit placé sur la cime de hautes montagnes, dépendantes de la chaîne des Alpes, il s'y trouve des sources. J'y ai fait plus de dix indications, tant pour les pâturages que pour les besoins des habitants de ces hameaux. La découverte de ces sources n'offrait pas de difficultés bien grandes, car en plusieurs endroits je rencontrai des terrains marécageux qui auraient eu besoin d'être drainés; on pouvait assurément en tirer de petites fontaines. D'où je conclus qu'il ne faut pas désespérer de rencontrer des sources sur les montagnes; il suffit qu'elles soient dominées par quelque cime ou quelque plateau peu éloigné. J'ai fait assez souvent cette épreuve pour oser affirmer ce que j'avance.

Les terrains que les eaux pluviales rendent marécageux et qui deviennent arides par la sécheresse, ne contiennent point de sources; mais ceux qui, en tout temps, conservent leur humidité et leurs plantes aquatiques, renferment toujours quelques sources.

Je repartis le quatrième jour, laissant tout ce monde content; heureux de mon côté, surtout quand j'eus franchi cet abominable passage de la roche.

Me trouvant près du département des Hautes-Alpes, je me déterminai à pousser jusqu'à Gap, afin de parcourir au moins une bonne partie du Dauphiné, surtout la partie la plus élevée, la plus montagneuse.

Arrivé à Gap, je fus mandé dans un village appelé Saint-

Laurent, à deux lieues de cette ville. Le village, situé sur une petite éminence, est dominé par un côteau. J'écoutai d'abord les plaintes des habitants privés d'eau. Les produits de leurs récoltes se ressentaient de cette disette d'eau.

Il faut savoir que, dans ces montagnes, la chaleur est si forte, que le soleil brûlerait les moissons si l'on ne pouvait les arroser : champs de blé, pommes de terre, la vigne même, etc. Dans le Valais, comme dans le Dauphiné, les habitants dirigent des ruisseaux qui vont, en serpentant à travers leurs moissons, y répandre la fraîcheur et l'humidité bienfaisantes. Dans chaque village, un fonctionnaire nommé par les habitants, sous le titre de *syndic de l'arrosage*, est chargé, moyennant un salaire, du soin de faire circuler ces petits canaux d'irrigation, qui sont précieusement entretenus et alimentés. J'ai trouvé ce mode employé dans toute la chaîne des Alpes; j'ignore si on le pratique aussi dans les Pyrénées.

Les habitants du village où je me trouvais, soupçonnant l'existence de plusieurs sources, nous allâmes visiter les lieux. Chemin faisant, je remarquai, sur un petit plateau, un endroit que le bétail au pâturage ne voulait pas même aborder. C'était encore un terrain noir, dépouillé de toute végétation. Les autorités de la commune voulurent de suite commencer les travaux. Je les prévins que, quand ils auraient creusé un peu, ils rencontreraient une couche de terrain plus molle où l'eau commencerait à suinter, à sourdre, et dont ils ne pourraient pas se débarrasser pour continuer les travaux jusqu'à la profondeur voulue, que je fixais à quatre mètres. — Vous feriez bien, ajoutai-je, de creuser d'abord le canal d'écoulement, assez bas pour ouvrir une issue à l'eau qui se présenterait d'abord. Mais enflammés du désir de voir réaliser les promesses que je leur avais faites, ils négligèrent de suivre mon conseil.

Les travaux furent donc activement commencés et poursuivis. Tout à coup l'eau jaillit du fond de la fosse; un des ouvriers enfonça sa pelle pour savoir si elle descendrait bien bas; la pelle pénétra aussi facilement dans ce liquide vaseux que si elle fut entrée dans de la bouillie. En voulant retirer la pelle, l'ouvrier perdit l'équilibre et tomba au milieu. Plus il faisait d'efforts pour s'arracher, plus il s'enfonçait dans cette boue. Si les autres ouvriers n'étaient venus à son secours, il n'aurait jamais pu s'en tirer tout seul. L'eau jaillit avec force du trou que le poids de son corps avait creusé. On reconnut alors que force était de suivre mon conseil et de faire le canal d'écoulement.

Quand on reconnaît la présence de l'eau dans un espace circulaire circonscrit par une végétation aqueuse, ce n'est plus un courant d'eau que l'on doit trouver, mais plutôt une nappe liquide, immobile. En creusant sur ce point fixe, au milieu de ce cercle tracé par les plantes marécageuses, on est sûr de voir l'eau jaillir avec des bouillons. Ces eaux s'élèvent des profondeurs de la terre et forment un petit lac. En les dégageant et en leur préparant un écoulement convenable, on crée toujours de bonnes sources qui ne varient jamais. Elles fournissent autant d'eau dans les temps de sécheresse que dans les temps pluvieux.

Je fis plusieurs autres découvertes dans les environs de Gap.

Mgr l'Evêque me fit appeler et me pria de l'accompagner pour tâcher de trouver de l'eau au profit d'un couvent, à la Notre-Dame-du-Laut. Je parcourus les alentours du couvent avec le supérieur, et je lui signalai deux endroits où un cours d'eau passait entre la terre végétale et la couche de glaise. Les indices étaient les mêmes que ceux que j'ai déjà mentionnés tant de fois. Je fis remarquer au supérieur ces plantes à larges feuilles dont j'ai déjà parlé. C'est surtout dans les montagnes des Alpes que ces plantes accusent la présence des sources.

Un village, nommé Bénévans, à peu de distance de la Salette, toujours dans les hautes montagnes, village composé de deux hameaux, souffrait de la disette d'eau.

J'ai déjà dit que les communes de ces régions élevées, qui n'ont pas le bonheur de posséder des cours d'eau pour arroser leurs cultures, ne font que de pauvres récoltes. Il fallait aux habitants de ces hameaux des sources assez fortes pour former un petit ruisseau qu'on put employer à l'irrigation. Je trouvai bien quelques coins où l'on aurait pu s'emparer de quelques petites sources, bonnes pour établir une fontaine ou deux, mais pas assez abondantes pour répondre à leurs besoins.

Nous continuâmes nos recherches. Je les dirigeai vers la pointe d'un rocher. La configuration de la montagne me faisait espérer que l'on pourrait y trouver quelque chose. Arrivé à une certaine distance, je remarquai un entassement de ces débris pierreux qui se détachent ordinairement des rochers calcaires. Je m'arrêtai sur ce point et j'assurai qu'il y avait là une source abondante.

— Comment cela se peut-il ? presqu'au sommet de la montagne ! — Creusez toujours jusqu'à deux mètres de profondeur, et vous allez voir l'eau bouillonner en s'élevant. Son cours souterrain s'étant pratiqué un lit encaissé entre deux rives, ne pouvait se répandre au niveau du sol.

Chacun se mit au travail, curieux de vérifier si une source

abondante pouvait exister sur un point aussi élevé et si favorablement situé pour l'emploi auquel on la destinait. Au bout de quelques heures, l'eau arriva et jaillit avec tant de force qu'il fallut interrompre les travaux. Je conseillai de faire immédiatement le canal d'écoulement, à deux mètres cinquante centimètres de profondeur. A force de bras, et trois jours après, la source était entièrement conquise. En mesurant, aussi exactement que possible, la quantité d'eau qu'elle pouvait fournir, nous trouvâmes six cents litres à la minute.

Ce remarquable résultat est certifié, à la date du 6 septembre 1852, par le maire de la commune, qui atteste en outre la complète réalisation de mes indications, avec témoignage de reconnaissance, etc.

L'étonnement des habitants de cette commune égala leur bonheur, à la vue de cette belle source placée dans une position aussi élevée.

Néanmoins, je n'eus pas de peine à reconnaître que cette place contenait une masse d'eau.

La roche calcaire couvrait, dans toute son étendue, le plateau supérieur de la montagne et prenait, en s'inclinant, sa direction vers cette pointe, où les eaux venaient s'accumuler, car la glaise formait une nappe au-dessous du rocher. Elle descendait jusque dans un bas-fond, qu'elle entourait d'un demi-cercle, visiblement tracé par la ligne de la végétation, qui allait s'affaiblissant à mesure que l'eau descendait plus profondément. Au-dessous de la terre végétale se trouvait une couche de gravier d'un mètre d'épaisseur, que traversaient les eaux pour arriver au point le plus resserré du creux dont j'ai parlé. Le sol se faisait remarquer par un changement de couleur ; il paraissait même marécageux dans un espace fort étroit qui n'attirait l'attention de personne.

Quand on apprit à Saint-Bonnet, situé plus bas, que j'avais trouvé une source aussi abondante à Bénévans, on me fit appeler pour faire des recherches sur le territoire de cette commune. On avait, en apparence, plus de raison d'espérer trouver une source au pied d'une montagne qu'à son sommet. Or, après avoir parcouru et exploré les environs, je déclarai qu'on pourrait trouver de petites sources mais bien faibles.

Etonnement d'une autre nature !

— Comment se fait-il, me disait-on, que vous ayez trouvé une source si abondante au-dessus de nous, tandis que pour nous, qui sommes placés dans une position bien plus favorable, vous ne trouvez pas une source pour faire quelques fontaines?

A cela, je répondais :

— Quand vous trouvez de l'eau en abondance en haut, vous ne pouvez pas raisonnablement espérer en trouver autant au-dessous. On ne peut pas prendre la même eau en deux endroits à la fois.

Dans un village, à côté de celui-là, il n'en était pas de même. Celui-ci possédait une forte source, qui formait une petite rivière allant se perdre dans la Reuss. Cette source sortait au pied de la montagne, et les habitants du lieu désiraient pouvoir la prendre plus haut, afin de l'employer à l'irrigation. Un curé des environs leur avait conseillé de creuser une galerie, sur un point plus élevé, dans la direction de la montagne, prétendant qu'ils la trouveraient à trente mètres plus haut, parce qu'elle devait descendre de la montagne et en suivre la pente. Les habitants travaillèrent pendant six mois, sans trouver autre chose que des pierres. Le curé, qui allait les visiter de temps en temps, ne négligeait rien pour entretenir leur courage et leurs espérances; mais ils finirent par se lasser et désespérer.

Informé par le maire de toutes ces circonstances, j'allai avec lui examiner les lieux. Toutes choses considérées, je reconnus que cette source sortait, il est vrai, de la base de la montagne, mais qu'on ne pouvait pas espérer la prendre bien plus haut.

— Voyez, dis-je au maire, ces rochers couchés horizontalement ; ils n'ont aucune pente ; à cent mètres plus loin, sous la montagne, la source se trouve à peu près au même niveau qu'à l'endroit d'où elle sort. — Cependant, on nous a dit qu'elle allait en pente, comme la montagne. — Pour moi, répondis-je, rien ne me l'indique.

Alors j'expliquai à M. le maire comment et pourquoi la pente supposée n'existait réellement pas. Il me comprit très-bien. Ce fut alors qu'il me raconta l'aventure du curé.

— Si ce pauvre curé avait étudié le terrain en géologue, avec les éléments de cette science, que l'expérience m'a seule enseignée, il n'aurait pas fait faire une pareille entreprise.

Dans ces contrées, c'était toujours plutôt pour l'irrigation que pour les fontaines qu'on avait recours à moi. J'allai cependant à *Corps*, petite ville du Dauphiné, pour chercher de l'eau dans le but de créer des fontaines. Cette petite ville est située au pied d'une énorme montagne. J'ai pu trouver plusieurs sources au sommet de cette montagne, tandis qu'on en aurait vainement cherché à sa base, parce que la terre végétale qui couvre le sommet de la montagne repose sur une couche de glaise. Le long de la rampe, l'eau retenue par un lit de gravier sablonneux, un peu compact, va se perdre à des centaines de pieds de profondeur.

Dans d'autres contrées, ce n'est que le long des rampes ou aux pieds des côteaux que l'eau se trouve; mais si l'on en trouve en haut, il n'y a pas d'espoir d'en rencontrer en bas.

Les autres découvertes que je fis n'offrent rien qui soit digne d'être mentionné.

De retour à Grenoble, j'appris qu'on m'attendait de différents côtés. Je donnais toujours la préférence aux lieux où je supposais rencontrer le plus de difficultés et où le succès me paraissait devoir être plus important.

J'allai d'abord chez M. Robert, percepteur à Saint-Pierre-de-Charonne. En arrivant, il me dit qu'il croyait avoir une source dans sa propriété. — Cependant, ajouta-t-il, j'ai fait faire des recherches plusieurs fois par des individus qui font jouer la baguette de coudrier, mais ils n'ont rien trouvé. Enfin, connaissant les résultats que vous avez obtenus, sachant que l'étude de la géologie est le seul instrument que vous employez, je vous appelle à mon aide.

En arrivant sur les lieux où on lui avait fait espérer une forte source, j'examinai le terrain : il n'était composé que de gravier mêlé de grosses pierres rondes.

— Comment, dis-je au propriétaire, pouvez-vous supposer qu'il y a une source ici ? C'est un terrain perméable qui descend à une profondeur telle qu'une source, si l'on en trouvait une, ne pourrait être dirigée dans votre prairie. — Puis j'attirai son attention vers la montagne, du côté où les rochers venaient aboutir ; je lui fis remarquer une anfrancture où l'on aurait dit que les rochers s'étaient séparés violemment. — Eh bien! lui dis-je, c'est là où est votre source, et peu profonde, car l'herbe pousse à travers cet amas de pierres couvertes d'une mousse très-verte.

Je lui enseignai comment il fallait faire les fouilles; et l'on trouva une source si abondante qu'elle ferait mouvoir des usines; elle sert à arroser la prairie.

Cette découverte, si brillante et si utile, fortifia la réputation que j'avais acquise.

Un des frères de M. Robert, propriétaire d'un château à Saint-Marcellin, désirant avoir une fontaine dans sa propriété, je lui désignai quelques endroits plus ou moins éloignés, mais qui ne pouvaient pas fournir de l'eau en abondance. Le terrain était composé de mollasse et environné de petits côteaux de peu d'étendue.

Un autre frère de M. Robert était dans une position plus favorable, au pied des grandes montagnes des Alpes. Aussi je pus lui fournir une forte source.

Là je rencontrai des circonstances particulières dignes d'attention. — L'eau, cachée sous le sol, traversait une couche de graviers, et soulevant la couche supérieure, surtout dans les grandes abondances d'eaux, la faisait glisser et l'entraînait. Ce terrain, quoiqu'il fut incliné sur une pente, avait cependant tous les caractères des terrains marécageux. On ne soupçonnait point qu'il se trouvait là une si belle source. En examinant la direction que prenait ce cours d'eau souterrain, je m'aperçus qu'il devait fournir plusieurs sources. Il n'y avait cependant qu'une papeterie qui en possédait une, et encore tarissait-elle dans les temps de sécheresse. Aussi le propriétaire de cette fabrique vint me chercher quelques jours après pour lui procurer une source semblable à celle que j'avais procurée à son voisin. Je lui indiquai une place au-dessous de son petit ruisseau. Il savait bien qu'il y avait là beaucoup d'eau, mais il n'avait jamais pu la faire monter dans le cours de son usine, le ruisseau étant plus élevé que la source.

Je lui fis comprendre que cette source était beaucoup plus forte qu'il ne pouvait le supposer ; elle répandait une grande partie de ses eaux au travers de la plaine. Mais comme elle venait originairement de la montagne, on pouvait la prendre sur un point plus élevé, puisqu'elle traversait, à une petite profondeur, une couche de gravier. Ce qui justifiait mes calculs, c'est qu'une partie assez considérable de cette source sortait déjà sur un point assez élevé pour pouvoir être employée. J'engageai donc le propriétaire à construire une petite galerie dans la direction de la montagne, non pas en ligne droite, mais en suivant un plan demi-circulaire. En suivant cette marche, il rencontra et rassembla toutes les eaux qui se perdaient et qui passaient sous le lit même du ruisseau. Depuis ce temps, tout est au mieux.

Depuis Grenoble jusqu'à Valence, les eaux sont particulièrement recherchées, pour être employées à faire mouvoir les fabriques et filatures de soie, pour dévider les cocons et mettre en filets.

Je continuai mes explorations dans un grand nombre de communes ; et quand l'hiver revint, je retournai dans mon pays. Mais peu après mon arrivée, je reçus une lettre de M. le maire de Saint-Marcellin, qui m'attendait pour chercher de l'eau dont cette ville manquait. Je revins donc à Saint-Marcellin ; on me donna connaissance d'un projet d'établir des fontaines, pour lesquelles on espérait trouver de l'eau le long d'un petit côteau, en creusant une tranchée

7

pour recueillir de petits filets qu'on avait remarqués. Avant de commencer les travaux, on désirait avoir mon avis ; et puis j'examinerais, je rechercherais s'il serait possible d'en trouver ailleurs qui offrît quelques avantages.

J'examinai d'abord, selon leur désir, ces petits filets qui avaient attiré leur attention et excité leur convoitise. Mais ils se trompaient. Je leur déclarai qu'ils ne pourraient pas obtenir un résultat satisfaisant. Cette eau n'était autre chose que le produit de suintements qui ne fourniraient presque rien aux époques de sécheresse. Les pluies abondantes les augmenteraient sans doute, mais l'eau serait trouble et impotable. Je les engageai à chercher ailleurs.

Nous nous remîmes en route, et je pus indiquer plusieurs places qui promettaient mieux. On cheminait toujours ; en traversant un chemin assez large et assez fréquenté, je m'arrêtai et dit : — Il y a ici une belle source qui paraît abondante ! — Où donc ? — Là, dans ce chemin. — Cela nous irait à merveille, puisque nous n'aurions point d'indemnité à payer ; et les tuyaux de conduite ne s'écarteraient point du terrain communal.

J'appréciais la profondeur à quatre ou cinq mètres, et l'on trouvait assez de pente pour mener l'eau en ville. J'estimais à deux ou trois cents litres à la minute le volume d'eau que la source pourrait fournir. C'était plus que suffisant. On m'engagea à rester sur les lieux pour diriger les travaux ; j'y consentis avec plaisir.

Quand les ouvriers furent parvenus à quatre mètres de profondeur, l'eau commença à jaillir avec force ; elle bouillonnait au fond du creux, que les ouvriers furent forcés d'évacuer. On proposa alors de creuser le fossé d'écoulement, qui servirait en même temps à placer les tuyaux de conduite. L'affluence des ouvriers était telle que les travaux du fossé furent promptement terminés. On se dirigeait contre la source; en arrivant à l'endroit où l'eau séjournait, elle ne tarda pas à courir dans ce fossé comme un petit ruisseau. En mesurant la quantité d'eau qui sortait de la source, on trouva trois cents litres à la minute, et dans un moment où les sources étaient partout très-basses.

J'avais la certitude que cette place ne pouvait pas me tromper. J'avais remarqué plus bas de petits filets d'eau, mais tous éloignés les uns des autres. Il aurait fallu bien des efforts pour les réunir, et l'on n'aurait point obtenu un si beau résultat.

Le certificat du maire de Saint-Marcellin constate tous ces faits, à la date du 10 avril 1854.

J'étais sûr que la mère-source devait se trouver à l'endroit que j'avais désigné. Voici comment je m'en rendais compte : le chemin — un chemin vicinal — avait certainement été nivelé sur une pente régulière. Eh bien ! l'endroit où était cette source formait un creux, une petite excavation, causée sans doute par l'abondance des eaux, qui, pour se frayer un passage, minaient le chemin, entraînant la terre avec elles et n'y laissant que le gravier, qui ne pouvait pas passer et suivre leur courant. C'était à cette cause que j'attribuais l'affaissement du sol que j'avais remarqué. Cette étude, comme on le voit, diffère complétement de celles qui me guidaient habituellement.

Cette découverte, remarquable sous tant de rapports, excita encore l'attention. Aussi, appelé dans un grand nombre de villages, j'y laissai des résultats satisfaisants.

Me trouvant près de Valence, le maire d'un village,

nommé Hauterive, me fit mander. Ce village, où l'eau manquait, est bâti sur une éminence, au-dessus de laquelle s'élève un monticule que nous allâmes explorer. J'y remarquai deux emplacements où l'on pouvait trouver deux jolies petites sources faciles à réunir.

Les résultats ne laissèrent rien à désirer.

Ces sources étaient situées sur un petit versant, où le séjour des eaux répandait sur le terrain une sorte de pourriture. On y récoltait fort peu de chose; le blé n'y pouvait germer; l'herbe seule pouvait y croître; et la nature de cette végétation ne permettait pas de douter de la présence de l'eau en ces deux endroits. Pour empêcher l'eau de nuire au terrain, il aurait fallu pratiquer le drainage. Et cependant le drainage est encore loin d'être connu dans ces contrées. Cependant la méthode du drainage pourrait doubler les récoltes dans tous les terrains affectés d'humidité.

Je fis encore bien des courses, bien des explorations et bien des découvertes dans ces contrées, entre autres à Die, département de la Drôme. Mais mon séjour n'y fut pas assez long pour me permettre de suivre les résultats des travaux entrepris sur mes indications. C'était la saison où chacun était occupé à cueillir les feuilles du mûrier, pour nourrir les vers à soie, travail dont l'urgence fait annuler tous les autres. Cependant, dans ces contrées méridionales, l'eau est recherchée plus avidement que dans les pays du nord.

Cependant, je dois noter encore ce fait. En parcourant le territoire d'un village placé au-dessus de Die, position assez élevée, je commençais à désespérer, lorsque je rencontrai une petite couche de glaise, sous un rocher calcaire, qui paraissait posséder une source, peu abondante, il est vrai. C'était un petit coin de terre humide, où je remarquais une autre nature de végétation que celle que je trouvais ordinairement aux environs des sources. Les feuilles de ces plantes avaient une forme toute différente. Cependant, je ne pouvais révoquer en doute ce témoignage naturel, car les sources du pays produisaient les mêmes plantes que je trouvais là. — Un examen attentif et comparé de ces indices ne peut induire en erreur, surtout pour les sources peu profondes.

Je revins du côté de Valence. — J'étais attendu dans une commune où l'on avait déjà exécuté des travaux considérables dans des carrières. On trouvait l'eau, et on la perdait, sans cause connue. Ceci était déjà arrivé bien des fois; et l'on ne savait quel remède employer pour fixer cette source inconstante.

Je me fis d'abord expliquer comment les travaux avaient été exécutés; puis je me rendis sur les lieux. Après avoir examiné la position des rochers, j'affirmai qu'il était facile de dégager cette source. — N'avez-vous pas fait jouer la mine? dis-je aux personnes qui m'accompagnaient. — Oui; et l'eau a disparu aussitôt après l'explosion. — Je ne m'en étonne point. Il ne faut jamais brûler de la poudre près des sources; il est bien rare qu'on ne les détourne pas et qu'on ne les perde pas entièrement, en ébranlant, en soulevant le terrain, où elles vont ensuite s'enfoncer.

Que fallait-il faire?

Je leur conseillai d'entailler le bout du rocher, et, quand on serait arrivé à la base de la couche, entre celle-ci et la couche inférieure, de préparer une *embotture*, pour y planter un coin qu'on chasserait pour casser la pierre, puisque l'eau se trouvait entre deux bancs de pierres. La manœuvre réussit complétement.

Le maire de Privas, chef-lieu du département de l'Ardèche, m'attendait.

Ces pays sont hérissés de montagnes, composées de rochers de granit, et non plus de calcaire, commes les Alpes et le Jura, surtout les territoires de Privas, Aubenas, Largentière. Toutefois, quand on opère dans le granit, les difficultés pour trouver de l'eau ne sont pas plus grandes que quand on opère dans le calcaire. Mais en certains endroits, les eaux, quoiqu'elles soient peu profondes, ne se révèlent pas à la surface du sol par la nature de la végétation, mais seulement par une certaine humidité qui s'attache aux cailloux qui couvrent le sol. Quelle que soit la sécheresse, on aperçoit toujours, le matin, ces petits cailloux mouillés; mais si l'eau est trop profonde, les pierres restent sèches. Si cependant c'est une eau grasse, bonne pour l'irrigation, les pierres seront garnies d'une mousse verte ou d'un blanc argenté. Dans ce dernier cas, c'est une eau dure, pétrifiante, nuisible à la végétation.

J'en ai indiqué deux à la ville de Privas qui appartiennent à ce genre.

Dans un village, près d'Aubenas, je trouvai une belle source, placée dans un coin de pré, et assez abondante pour abreuver à la fois la ville et le village.

Voici de quelle manière j'ai fait cette découverte.

Comme on le remarque assez souvent dans les prairies, l'herbe, sur un certain point, était du double plus forte qu'à côté, quoique la source fut enterrée au moins à quatre mètres de profondeur. La couche de terre végétale était cependant si mince qu'elle couvrait à peine le gravier qui reposait sur de la glaise. Ce gravier étendait son lit jusqu'au pied d'une montagne d'où sortait ce cours d'eau.

La ville de Roman, où j'allai ensuite et où l'on m'attendait, faisait exécuter des travaux considérables pour la recherche de l'eau dont elle avait besoin. Des difficultés s'étaient élevées entre les autorités de la ville et l'entrepreneur des travaux. Celui-ci avait construit une galerie souterraine d'environ cinq kilomètres de longueur. Il avait réuni de l'eau passablement, mais il lui en fallait une quantité déterminée qu'il n'avait pas encore obtenue. On mesurait à la prise d'eau, puis on amenait l'eau dans un grand réservoir, à l'entrée de la ville. Mais quand elle arrivait, le volume d'eau mesuré au cabinet de prise d'eau ne se retrouvait pas ; on constatait un notable déficit. Alors on supposait que l'eau se perdait en chemin, que les tuyaux la laissaient échapper ; l'entrepreneur répondait de la bonne qualité de ses tuyaux. Grand embarras de part et d'autre ! A quelle cause attribuer cette perte trop réelle ? Il fallait la découvrir : c'est dans ce but que je fus appelé.

Je commençai par visiter toute la ligne des tuyaux ; je reconnus qu'il n'y avait pas de fuite possible. — Mais alors, pourquoi n'entre-t-il pas autant d'eau dans le réservoir qu'il en sort du cabinet de prise d'eau ? — C'est, répondis-je, parce que vos tuyaux sont en terre cuite ! Prenez une tuile, versez un demi-verre d'eau sur cette tuile et recevez-là dans un vase : la quantité mesurée ne se trouvera plus ; vous serez forcé de constater un déficit. La terre cuite absorbe naturellement beaucoup d'eau ; ses pores s'en remplissent. Vous avez sans doute mesuré l'eau aussitôt qu'elle était lâchée, ou le lendemain ? — Nous avons mesuré le lendemain. — Eh bien, vous devez avoir trouvé un huitième ou un dixième, à peu près, en moins. C'est la quantité qu'absorbent les tuyaux sur un parcours de quatre à cinq kilomètres.

Je parvins ainsi à les mettre d'accord, par la démonstration d'un fait très-simple, mais qu'ils ne soupçonnaient point.

Je visitai aussi les travaux ; je leur conseillai de prendre une autre direction, où ils trouvèrent encore une certaine quantité d'eau, et je les laissai contents les uns des autres, et de moi aussi, je l'espère !

Il est d'haditude, dans ce pays, de creuser des galeries souterraines pour chercher de l'eau. Quand on commence une entreprise, c'est le hasard seul que l'on consulte. On se place à l'endroit qui convient le mieux au propriétaire et l'on se met à la besogne, sans s'inquiéter s'il y a réellement de l'eau, une source, un courant. On travaille pendant des années entières, heureux quand le hasard récompense tant de peines. Mais le plus souvent on ne trouve rien, et l'on s'en retourne, en abandonnant l'entreprise malheureuse.

C'est l'histoire véridique de ce qui est arrivé à Chatonnay, entre Vienne et Roman, et dont un notaire fut le héros ou plutôt la victime.

Ce notaire avait fait exécuter des travaux, sous forme de galerie, pour tâcher de se procurer de l'eau. L'individu qui lui avait suggéré cette idée dirigeait lui-même le travail. Après avoir percé environ un kilomètre et demi de terrain, c'est-à-dire près de 1,600 mètres, sans avoir trouvé une goutte d'eau ; il fallut y renoncer. J'avais à examiner les travaux de l'entreprise. On me montre, en arrivant, l'immense amas de terre extrait des fouilles. Etonné, je demandai comment ou pouvait se hasarder dans de telles entreprises, sans être assuré d'avance de trouver de l'eau? Le propriétaire me répondit qu'on lui avait donné cette assurance; tous les jours l'entrepreneur répétait qu'il s'approchait du but. Il a fait ainsi plus de seize cents mètres dans ce tunnel, en renouvelant chaque jour sa promesse.

Après avoir attentivement interrogé les côteaux environnants et les diverses couches du terrain, je demandai qui pouvait avoir proposé d'entreprendre des travaux de cette nature dans un emplacement où il faudrait opérer un miracle pour trouver de l'eau. Il n'y en a jamais dans des positions semblables.

— Si vous avez de l'eau dans ces environs, dis-je, elle ne peut se rencontrer que de ce côté, à en juger par la configuration du terrain et la pente des côteaux!

Nous nous dirigeâmes vers le lieu que j'indiquais, et je reconnus en cet endroit la naissance d'une source. De ce côté, en effet, venaient s'incliner les couches d'un petit côteau, et le sol changeait de couleur d'une manière sensible.

— Si vous aviez cherché ici, dis-je, vous auriez trouvé une belle fontaine, assez élevée pour conduire l'eau dans votre cour. Il suffit de trois ou quatre jours de travail pour la découvrir. Et ce n'est point une galerie qu'il faut creuser, mais un puits d'épreuve. A cinq mètres de profondeur, vous devez commencer à trouver quelque chose.

Le résultat me donna complétement raison, ainsi que le constate le certificat.

Ces côteaux sont formés de gravier, qui recouvre une couche de glaise argileuse. L'eau, arrêtée par la glaise, s'écoulait donc entre ces deux couches. Comme cet emplacecément était affaissé, toutes les eaux recueillies par ce côteau venaient affluer dans ce creux, où elles s'enfonçaient. Point d'autres remarques à la surface du sol qu'un changement de couleur, dont j'ai eu plusieurs fois occasion de parler, et qu'il faut attribuer, je crois, à la vapeur de l'eau qui séjourne ou coule sous le sol à une certaine profondeur.

Dans le même village, un autre propriétaire, encouragé par la découverte dont j'avais enrichi le notaire, espéra que je ne ferais pas moins pour lui. Il avait aussi commencé des travaux, toujours sous l'inspiration du hasard et de sa convenance. Inspection faite des fouilles déjà exécutées, je lui dis qu'il n'était pas fort éloigné de l'emplacement favorable. Ainsi, je lui montrai un coin de champ où l'eau devait se trouver. Mais il m'objectait que le lieu était plus éloigné de la maison où il voulait établir sa fontaine. Il fallut discuter pour lui faire comprendre qu'on ne pouvait prendre une source qu'à l'endroit où elle existait. Il finit par se rendre à mes raisons. Je notai la profondeur à creuser, et la source fut trouvée.

A quels signes ai-je reconnu l'existence de cette source? C'est ce qu'il importe de savoir.

Le champ où je la trouvai était ensemencé en blé qui était déjà fort. Mais à l'endroit même où gisait la source, le blé n'avait pas poussé ; il n'y croissait que de l'herbe à larges feuilles, aussi belle et aussi verte que si elle eût été arrosée par un courant d'eau. Cette plante aquatique ne vient, dans ces pays, que dans les lieux parcourus par les eaux. Elle fournit des racines qui descendent assez profondément pour aller chercher l'eau dont elle a besoin. Plus les feuilles de cette plante sont larges et vertes, moins l'eau est profonde ; et plus le terrain qu'elle recouvre mesure d'étendue, plus la source est forte.

Quand certaines sources ne fournissent pas toute l'eau qu'elles contiennent, il faut l'attribuer à l'exécution défectueuse, imparfaite, des fouilles. Les ouvriers, désintéressés dans l'acquisition de ce trésor, travaillant souvent dans l'eau, se hâtent de se débarrasser de cette corvée pénible, et négligent de recueillir toute l'eau que la source peut donner, en affirmant au propriétaire qu'il est inutile de descendre plus bas, que la source ne produit pas davantage, etc. Puis on fait le fossé d'écoulement, on pose les tuyaux. Mais en remontant vers la source, on perd déjà du niveau, et, en arrivant, on se trouve trop élevé de vingt à trente centimètres. Une partie de l'eau ne peut donc pas pénétrer dans les tuyaux ; puis on accuse la source de manquer à son devoir, à ses promesses... quand on n'accuse pas le sourcier de s'être trompé ou, ce qui est pis, d'avoir trompé. Souvent encore, on a exécuté les travaux dans un moment où l'eau était abondante, et, quand la sécheresse arrive, la fontaine s'arrête, parce que l'eau ne peut plus atteindre la hauteur des tuyaux de conduite.

C'est ainsi que se font les trois quarts des travaux de ce genre. Mais quand je dirigeais et surveillais moi-même les travaux, j'évitais avec soin tous ces désagréments ; je m'appliquais à surmonter toutes ces difficultés et à faire descendre les travailleurs jusqu'à la couche imperméable. J'étais sûr que pas une goutte d'eau ne pouvait se perdre ou s'égarer.

Ces observations, fruit de l'expérience, m'ont paru convenablement placées dans cet ouvrage ; le lecteur pourra en profiter, le cas échéant.

Reprenons encore le cours de nos explorations.

M. Dejoux, marchand de vins en gros, à Paris, avait fait bâtir une maison avec potager, à Fuissey (Saône-et-Loire). Malheureusement il ne possédait pas l'eau qui lui était nécessaire. Il me pria de visiter sa propriété. J'en parcourus les environs et je remarquai un courant d'eau qui traversait la cour de sa maison. L'eau qu'il y trouva, à une profondeur que j'avais désignée, était d'un volume suffisant.

Son voisin, riche propriétaire, croyant pouvoir aussi se procurer de l'eau, fit faire des recherches qui aboutirent à néant, quoiqu'il se fut dirigé vers la montagne. Mais il avait suivi une ligne droite, ignorant que les cours d'eau souterrains sont aussi capricieux que les rivières et les ruisseaux qui, à la surface du sol, décrivent dans leur cours une multitude de courbes et de zigzags. A bout de forces, il m'écrivit pour savoir sur quel point cette source — la même que j'avais livrée à M. Dejoux — traversait son terrain.

Mais comme je n'ai jamais distribué la même source à deux personnes, je lui répondis que je pourrais bien lui indiquer l'endroit précis où il pourrait rencontrer ce cours d'eau, mais que je craignais de l'enlever à M. Dejoux. — Je ne reprends pas ce que j'ai donné ; cela n'est pas d'un honnête homme. — J'étais sûr, du reste, qu'il ne le trouverait pas seul.

L'affaire en resta là.

La source découverte chez M. Dejoux m'offrit d'assez grandes difficultés, car elle se trouvait dans une cour, c'est-à-dire au milieu d'un terrain bouleversé, désagrégé. Forcé de parcourir les lieux circonvoisins pour rechercher les traces d'un passage d'eau, je rencontrai dans des vignes peu éloignées de ces habitations les indices dont j'ai déjà souvent parlé : une ligne de ceps où l'observation attentive aurait reconnu de notables différences avec les ceps voisins. Beaucoup de ces ceps étaient menacés de mort ; d'autres étaient couverts d'une mousse assez verte qui s'étendait même sur le sol. Au-dessous de cette vigne, le jardin potager était traversé par le courant d'eau signalé par les mêmes indices. Quand le terrain n'avait pas été remué depuis quelque temps, cette mousse verdâtre apparaissait à sa surface. Mais elle n'attirait l'attention de personne. Le résultat ne fut point au-dessous de mes espérances. — Inutile d'enregistrer ce certificat, et bien d'autres!

Ponr parcourir une plus grande étendue de pays et me rapprocher de Paris, je voulus me diriger vers le centre de la France. Je m'arrêtai dans le département de la Haute-Loire, à Montbrison. En parcourant quelques propriétés, je ne remarquai pas beaucoup de différences dans les indices qui m'étaient familiers.

Je fis de plus nombreuses découvertes dans le département de l'Allier que dans celui de la Haute-Loire. Mon séjour cependant ne fut pas assez long pour que j'aie pu diriger moi-même les travaux nécessités par mes indications ; la saison n'était plus favorable, la terre étant encore couverte de récoltes.

A Nevers, sur la route d'Orléans, mes travaux ne furent point interrompus.

Je fis quelques découvertes à Auxerre, où je prolongeai mon séjour. Puis, après avoir exploré la Côte-d'Or, la Haute-Saône et le Haut-Rhin, je repris la direction de Paris.

Arrivé à Melun, plusieurs demandes me furent adressées

par des communes et des propriétaires. Le premier village que je visitai fut Torcy, arrondissement de Meaux.

Les habitants de Torcy possédaient six puits, mais un seul fournissait de l'eau potable.

— Ne me dites pas quel est ce puits dont l'eau est la meilleure, dis-je au maire, afin de savoir si je la reconnaîtrai.

Au premier puits que nous visitâmes, je déclarai que l'eau ne pouvait être bonne. — Au second elle ne valait rien non plus. — De même pour le troisième. — Mais au quatrième, j'affirmai que l'eau qu'il contenait était de bonne qualité. — Le maire ne répondait rien. — Pour les deux autres, je les rangeai dans la même catégorie que les premiers. Le maire finit par s'étonner que j'eusse si bien deviné. Je lui proposai de lui apprendre comment j'avais distingué les différentes qualités des eaux de ces puits.

— Voici le premier, lui dis-je; regardez cette mousse blanche : c'est cette mousse-là qui entoure tous les puits où vous n'avez qu'une eau mauvaise. Maintenant, allons voir celui dont l'eau est de meilleure qualité; vous allez vous-même apprécier la différence. En effet, la mousse qui couvrait les pierres de ce puits était verte et fraiche. — Toutes les fois que vous rencontrerez cette mousse d'un beau vert, vous pouvez être sûr que l'eau qui la produit et l'entretient favorisera la cuisson des légumes, tandis que l'autre ne vaut absolument rien, pas même pour le bétail. Une eau saine et salutaire convient toujours mieux qu'une autre à la santé du bétail.

Cette expérience n'était qu'un jeu; ce n'était pas le but de mon expédition. C'était une source qu'on demandait pour créer une fontaine.

Nous sortîmes du village, et j'eus le bonheur de rencontrer deux places qui contenaient de l'eau peu profonde, à deux mètres cinquante cinquante centimètres, et suffisante pour entretenir une fontaine.

Les sources se rencontrèrent à la profondeur que j'avais indiquée.

La première se trouvait au coin d'un champ, près et à côté d'un chemin. Vis-à-vis de cette indication, je remarquai une végétation herbacée, avec des feuilles longues et frisées. Cette végétation est tout à fait étrangère à celle que j'avais trouvée et qui m'avait guidé dans les contrées que j'avais explorées pendant les années précédentes. Cependant je suis aussi certain de la vérité de ce témoignage que de beaucoup d'autres.

La situation de l'autre source était bien différente. Elle était voisine d'une mare qu'une partie des eaux de cette source entretenait jusqu'à un certain niveau; mais j'y retrouvai la même végétation aquatique.

J'explorai ensuite le territoire de la commune de Lepin, près de Lagny. On fouilla dans un endroit que j'indiquai et qui devait, selon moi, renfermer une source assez abondante pour entretenir une bonne fontaine. Arrivés à peu près à la profondeur déterminée, les ouvriers rencontrèrent les traces d'un travail exécuté sans doute dans le même but. Ils s'arrêtèrent, et l'on apprit que ces travaux avaient été entrepris pour le compte du château, dont la fontaine tirait de là sa source. Sur la demande des habitants, j'y retournai et j'allai visiter les lieux avec le maire et les membres du conseil municipal.

— Il n'y a pas de ma faute, leur dis-je; j'ignorais que

cette source appartenait déjà à quelqu'un qui s'en était emparé avant vous !

Il ne fallait cependant pas laisser tout ce monde dans ce cruel embarras. J'avais déjà aperçu une position où l'on ne pouvait avoir fait des recherches. Mais la distance était plus grande; cette objection n'arrêta personne, tant le besoin était impérieux. Arrivé sur le lieu, je trouvai, comme je l'espérais, toutes les preuves de l'existence d'une source. Le maire envoya aussitôt chercher des ouvriers au village ; je les disposai moi-même, en leur traçant exactement les mesures à suivre pour opérer la fouille, et nous revînmes au village. Le maire ne voulut pas me laisser partir avant que la source fût trouvée. Je consentis à rester, convaincu qu'on aurait l'eau vers le soir. Le maire fit en outre procéder immédiatement au creusage du fossé d'écoulement, afin de savoir de suite si la source fournirait assez d'eau pour mériter la peine de la conduire au village.

Nous retournâmes visiter les travaux. Les ouvriers jetaient déjà hors de la fosse l'eau qui les embarrassait. Le fossé d'écoulement achevé, on put mesurer la quantité d'eau que la source donnerait : on trouva cinquante litres à la minute. Tout le monde fut comblé de joie.

Suivant le certificat, du 5 février 1855, la source fut trouvée à la profondeur de un mètre soixante-quinze centimètres.

Cette source longeait un chemin de desserte; le terrain était marécageux en cet endroit. Dans un champ qui dominait ce chemin, sur un certain point, aucune autre végétation ne se montrait que des joncs et du petit cresson, indices certains du peu de profondeur de l'eau.

La commune d'Iverny, arrondissement de Meaux, n'était pas mieux partagée que beaucoup d'autres en eaux de sources. Là on désirait pouvoir établir un lavoir public. Il fallut explorer le territoire des communes voisines. Bien des démarches, bien des tentatives avaient été inutilement essayées. Le maire avait sollicité la visite de M. Degousée, ingénieur hydraulique, habile à forer les puits artésiens. Mais M. Degousée, inspection faite, avait déclaré que le village était dans une position trop élevée pour concevoir la moindre espérance d'y trouver de l'eau, même en ouvrant un puits artésien.

On était donc résigné à se passer d'eau, quand le maire apprit par les journaux ma présence à Melun. Il m'écrivit aussitôt, et je ne tardai pas à me rendre dans cette commune affligée. Accompagné du maire, je parcourus le territoire communal.

En suivant un chemin de desserte, je m'arrêtai et dis à M. le maire : — Vous avez quelque chose ici ! — Tant mieux ; cela nous conviendrait admirablement, car la distance n'est pas grande.

Il retourna aussitôt au village et revint avec des ouvriers qui commencèrent les travaux. Puis nous continuâmes nos recherches. Je lui désignai encore plusieurs endroits où il y avait apparence qu'on trouverait de l'eau.

Nous revînmes à l'endroit où travaillaient les ouvriers. Ils descendaient rapidement, car ils étaient en nombre ; il y en avait même plus qu'il n'en fallait. L'un de ces ouvriers, employé habituellement au forage des puits, dit à un autre : — Si l'on trouve ici de l'eau, je veux la boire toute.

Ils se trouvaient déjà à la profondeur que j'avais déterminée, et pas de trace d'humidité. Personne ne disait mot, si ce n'est l'ouvrier qui voulait boire l'eau : — Je connais bien les endroits où l'on peut trouver de l'eau ; mais il n'y en a point dans notre commune. — Travaillez toujours, lui répondit le maire, et ne découragez pas les autres.

Nous partîmes, le maire et moi, pour faire encore une tournée, en attendant que le travail fut achevé. Deux heures s'étaient à peine écoulées qu'on vint nous chercher. Les figures exprimaient la joie. Le pauvre ouvrier qui s'était vanté de boire toute la source fut obligé de s'en aller, pour se soustraire aux quolibets de ses camarades.

On fit encore, sur un autre point que j'avais indiqué, des fouilles qui eurent un bon résultat : c'était une jolie petite source.

Je remarquai celle-là dans une terre fraichement labourée, dans un endroit où le sol était plus gras et plus noir qu'aux environs, ce qui prouvait à mes yeux que la vapeur de l'eau souterraine ne venait pas d'une grande profondeur. L'autre source se remarquait aussi par de notables modifications dans la nature et dans la couleur du sol.

Ces faits sont longuement détaillés et certifiés par le maire d'Iverny, qui accuse l'insuccès de M. Degousée.

M. le vicomte de Bauny, à Villeroy, apprenant ce que j'avais fait pour la commune d'Iverny, me manda chez lui. Je lui désignai plusieurs places où l'eau me paraissait circuler... — Ne craignez-vous pas de vous tromper ? me dit M. de Bauny. — Non, monsieur. — Cependant, à une distance peu éloignée de l'endroit que vous venez de désigner, mon père a fait construire une galerie souterraine, et plus profonde que ne l'exigent vos indications. — Je lui fis remarquer la différence des positions et l'engageai à exécuter les travaux en ma présence.

Les ouvriers se mirent à l'œuvre et découvrirent de l'eau en deux endroits. M. de Bauny ne revenait pas de son étonnement. La galerie passait à quinze ou vingt mètres de là, et elle descendait au moins à dix mètres au-dessous des fouilles qu'il avait fait exécuter sous ma direction. — Ces faits, en apparence contradictoires, et qui causaient une surprise générale, pouvaient cependant s'expliquer facilement.

La galerie qui avait été creusée si profondément était située dans une petite vallée, entre deux côteaux. Dans les positions de cette nature, les eaux descendent toujours à une grande profondeur, parce que la terre végétale qui se détache des deux côteaux y forme, à la longue, une couche d'une grande épaisseur. Tandis qu'en remontant dans la direction du côteau, à sa base même, les sources sont peu profondes.

Telle était là la position que je viens de décrire. J'avais pris les deux sources au pied du côteau. Elles se dirigeaient sans doute vers la vallée où l'on avait construit le tunnel, mais avant d'y arriver, l'eau avait déjà descendu plus profondément. Le terrain, dans les deux endroits que j'avais indiqués, se faisait remarquer par des taches d'une couleur différente ; la semence n'y germait point ; les plantes aquatiques s'y montraient seules.

La Société d'agriculture de Meaux a rendu un témoignage éclatant à ces dernières découvertes, opérées presque sous ses yeux.

De Melun, je me rendis au château de Montgermont. Ce château, placé sur une élévation, est cependant dominé par un monticule. Toutefois, il manquait d'eau. Au-dessous du château s'étendait une vallée assez profonde, resserrée par un autre côteau. Sur ce plateau, je trouvai une source qui, par sa position, pouvait être amenée dans la cour du château et fournir assez d'eau pour entretenir une bonne fontaine. C'était un espace comprenant une étendue d'un are environ d'un terrain marécageux; les plantes qui le couvraient, et qui ne viennent que dans les marais, étaient remarquables par la force de leur végétation; enfin le sol était noir. Ces témoignages étaient plus que suffisants.

De là j'allai à Versailles, où, annoncé par les journaux, je me mis bientôt à l'œuvre. Mais je m'aperçus qu'on cherchait à m'éprouver par des explorations chimériques et sans but sérieux.

Cependant, à la ferme de la ménagerie, entre Versailles et Saint-Cyr, qui appartient à l'Etat, je signalai la présence d'une source, dans un coin de terre labourable, à un mètre soixante centimètres de profondeur. Ce qui fut vérifié par les fouilles.

Ce champ était planté de betteraves qui, dans une circonférence d'environ six à sept mètres de diamètre, paraissaient évidemment malades et étaient loin d'égaler en vigueur la végétation des autres. J'attribuai à la présence de l'eau cette stérilité locale.

Chargé d'opérer aussi pour le potager des jardins de Versailles, on m'adressa au jardinier en chef, M. Hardi. Il s'agissait de trouver une eau potable pour faire une fontaine dans ce potager. En le parcourant, je remarquai, sous une petite voûte creusée dans une allée transversale, la présence d'une eau peu profonde, à un mètre environ. M. Hardi fit faire les travaux de recherche, et l'on trouva l'eau dans les conditions que j'avais supposées, ce qui surprit beaucoup de monde. La fontaine fut établie près des grilles, du sôté de la rue Satory. Elle a longtemps coulé; mais des travaux exécutés pour assainir le potager arrêtèrent cette fontaine, qui fournissait dix litres à la minute.

Voici comment je l'ai remarquée. A côté de la voûte dont j'ai parlé étaient plantés des arbres à fruit qui souffraient. L'intérieur de la voûte contenait un terrain humide, garni de mousse très-verte. Tout annonçait que l'eau n'était pas profonde.

J'allai ensuite à Luzarches, à la demande du maire, pour chercher une source dont cette ville avait besoin. En cheminant dans ses environs, nous rencontrâmes des hommes qui travaillaient, cherchant aussi de l'eau pour un château voisin. Je leur demandai ce qu'ils faisaient lò? — Nous cherchons de l'eau, me répondirent-ils. — Mais vous n'êtes pas dans un endroit favorable. L'endroit où vous la trouverez est à huit à dix mètres de là, et elle n'est pas aussi profonde que la fouille que vous avez déjà faite.

Les magistrats de la ville qui m'accompagnaient prièrent les ouvriers de suivre mes instructions et de se transporter au lieu que je leur indiquais, curieux de savoir s'ils trouveraient une source si peu profonde dans ce lieu.

A peine les ouvriers avaient-ils mesuré deux mètres de fouilles, sur ce terrain nouveau, que l'on vit jaillir l'eau en abondance. Elle pouvait fournir au moins cent litres à la minute. Le parcours de cette source se faisait remarquer à la couleur de la terre, toujours plus noire qu'aux environs, et à la différence sensible de la nature de la végéiation.

Plus loin, j'indiquai encore une autre source, mais qui n'était pas aussi abondante. L'eau n'était pas plus profonde que pour l'autre. Celle-là se trouvait dans un terrain labourable, où elle décrivait une ligne circulaire comprenant environ trois mètres de diamètre, où la couleur de la surface du sol était fortement tranchée.

Le maire et les conseillers de Luzarches attestèrent ces faits dans le plus grand détail, sans dissimuler leur surprise et leur contentement, dans un certificat daté du 2 septembre 1855.

Chez madame Samaze, je trouvai dans une forêt, près du château, un emplacement où il pouvait y avoir de l'eau. La position l'indiquait suffisamment. Je restai pour diriger les travaux. En arrivant à la profondeur que j'avais calculée, les ouvriers ne trouvaient point d'eau. En creusant davantage, on courait risque de descendre au-dessous du niveau nécessaire pour conduire l'eau à la fontaine. Il fallut donc abandonner cette place qui m'avait paru si favorable. Au fond du trou que l'on avait creusé, on avait rencontré un sable maigre. Il est probable que l'eau s'était réfugiée sous cette couche de sable, mais on ne pouvait plus l'utiliser. Il n'y avait rien à faire qu'à recommencer les recherches.

Je m'arrêtai dans un petit chemin communal où les ouvriers trouvèrent de l'eau à une petite profondeur. Cependant cette place ne promettait pas mieux que la première; elle produisait la même végétation. Nous rencontrâmes aussi la même couche de sable, mais elle n'était pas aussi profonde. On put facilement la traverser pour atteindre la couche imperméable.

Dans ces contrées, la plus grande partie des sources se trouvent enfoncées dans le sable.

La commune et le château avaient un égal besoin de fontaines ; cependant, le maire et le comte n'étant point d'accord, les travaux furent ajournés.

M. Cristofle, fondeur à Paris, possédait une propriété, entre Paris et Corbeil, où il désirait avoir de l'eau en plus grande quantité. Je trouvai autour de la maison plusieurs places que je désignai. Dans l'une, on rencontra un petit filet d'eau dont le propriétaire s'empara. La position des lieux seule indiquait cette petite source, déjà convertie en fontaine que la sécheresse faisait tarir, parce qu'elle n'était pas au niveau de la source. C'était une terre forte où la chaleur produisait des crevasses et absorbait l'eau.

A Montretout, hameau de St-Cloud, M. Henry, piqueur de l'Empereur Napoléon, avait acquis une propriété dépourvue d'eau. Je fis des recherches dans cette propriété, mais je fus bientôt convaincu qu'il n'y avait pas moyen d'espérer quelque chose. On s'achemina ensuite dans la direction des vignes qui dominent la propriété. En m'arrêtant dans une petite vigne, je demandai : — Cette vigne vous appartient-elle? — Non. — C'est dommage; vous trouveriez de l'eau ici pour faire une belle fontaine, et suffisamment élevée pour faire jouer votre jet d'eau. — Si vous êtes sûr qu'il y a une source, j'achèterai la vigne. — Vous pouvez l'acheter : elle contient toutes les preuves ordinaires de la présence d'une source.

La vigne fut achetée; on fit les fouilles et l'on trouva l'eau à la profondeur indiquée.

C'est une découverte extraordinaire dont je dois rendre compte.

Dans les champs situés au-dessous de cette vigne, il se trouvait de la pierre en sous-sol, mais point d'eau. Cependant cette vigne renfermait un puits dont l'existence était ignorée, car il était caché dans l'intérieur d'une petite maison servant à retirer les outils nécessaires à la culture. On ne connut l'existence du puits que quand on eut l'entrée libre; il ne contenait point d'eau.

En m'apprenant ces nouvelles circonstances, on m'engagea à retourner sur les lieux. Après un nouvel examen, quoique ce puits vide fut peu éloigné de l'emplacement où j'avais cru rencontrer une source, je ne pouvais me persuader que je me trompais, et j'encourageai le nouveau propriétaire à commencer les travaux. Le succès répondit complétement à mon attente. Qu'on juge de l'étonnement général !

C'est une des sources les plus précieuses qu'on puisse trouver, par sa position, par les avantages qu'elle fournit à ses propriétaires, forcés d'aller à de grandes distances chercher l'eau dont ils avaient besoin pour arroser un potager d'une assez grande étendue.

La végétation de l'endroit où se trouvait la source montrait, dans un espace limité, une mousse verte qui couvrait les pieds des ceps.

Le certificat constate (13 juillet 1856) l'exactitude de tous ces résultats. Il déclare que cette propriété est abondamment arrosée et que le trop plein qui s'écoule va arroser les propriétés voisines.

Je fis aussi plusieurs découvertes à Ville-d'Avray : une entre autres dans une propriété qui n'avait qu'un puits dont l'eau était de mauvaise qualité et ne faisait pas dissoudre le savon ni cuire les légumes. Je fis remarquer au propriétaire que le mur de ce puits était garni d'une mousse blanche. Si cette mousse était verte, l'eau serait excellente. Cependant, à cette place même, j'étais convaincu qu'on devait en trouver de meilleure. Je dirigeai mes regards le long du mur, remarquant que la mousse changeait de couleur : ici, elle était blanche; un peu plus loin, elle devenait verte. La source fut trouvée dans les conditions que j'avais prévues. Le certificat est du 28 octobre 1856.

Dans cette cour, — chose remarquable, — le puits d'eau impotable était à quinze ou vingt mètres de distance de l'autre source. Les eaux se côtoyaient sans se mêler. C'est souvent dans leur parcours que les eaux acquièrent des qualités différentes, selon qu'elles rencontrent des éléments qui les altèrent. A six mètres de profondeur, dans ces terrains sablonneux, l'eau engendrait et nourrissait la mousse jusqu'au point d'agir sur la nuance.

Je fus ensuite adressé par M. le général Rollin, grand maréchal du palais, à M. Bourlon, de la compagnie Laffite et Caillard. Son habitation se composait d'un beau château et d'un beau parc, mais l'eau y était rare. Des travaux considérables avaient déjà été entrepris et exécutés à grands frais. On avait creusé et poussé la sonde à quatre cents pieds de profondeur. Le peu d'eau qu'on avait recueilli ne pouvait suffire aux besoins et indemniser des dépenses. C'est alors que je fus appelé.

Au premier coup d'œil, je reconnus que la position n'était pas favorable. Nous nous dirigeâmes d'un autre côté, où je rencontrai une position qui me parut devoir fournir beaucoup d'eau et sans descendre plus bas que quatorze ou quinze mètres au plus. J'indiquai la place et la profondeur, en recommandant de continuer à creuser tant qu'on le pourrait. L'entreprise, exécutée conformément à mes instructions, eut pour résultat de fournir à cette propriété plus d'eau qu'il ne lui en faut.

Une grande différence existait entre le lieu où je fis faire les fouilles et celui où l'on avait creusé ce puits de quatre cents pieds. Celui-là était placé au sommet d'un côteau qui avait la forme d'un pain de sucre, c'est-à-dire qu'il avait une pente de trois côtés; le sol était sablonneux. Or, on ne trouve jamais de forts courants d'eau dans une position de ce genre et dans un terrain de cette nature.

Mais le point où j'avais dirigé les fouilles était un versant, du côté d'une propriété arrosée déjà par des fontaines, formant un ruisseau à la surface du sol et remplissant une belle pièce d'eau. L'eau de la source était du reste trop profondément enterrée pour agir sur la végétation. C'est sa position seule qui me la fit découvrir.

J'eus l'honneur d'être introduit dans le domaine impérial de Villeneuve-l'Etang et d'opérer presque sous les yeux de Sa Majesté, qui voulut bien m'interroger. Je fis, tant dans le parc qu'en dehors du parc, un grand nombre de découvertes, et j'en dirigeai les travaux pendant plus de trois mois.

Dans l'intérieur du parc, je découvris quatre sources, qui fonctionnent encore aujourd'hui et qui servent même à entretenir les pièces d'eau du parc de Saint-Cloud. Pendant les plus grandes sécheresses, elles n'ont jamais tari.

Trois autres sources, indiquées par moi, n'ont point été fouillées. Enfin, en dehors du parc, quatre sources ont été encore trouvées ou désignées par moi. Les travaux en ont été ajournés; je n'ai point à en apprécier les causes. Je parlerai encore plus loin de ces sources, relativement à la question importante de la qualité des eaux. Inutile d'ajouter que c'est toujours à l'aide de ma méthode que j'ai fait ces découvertes.

La plus forte, la plus abondante de ces sources, celle du *Gabioux*, éloignée de deux cents mètres de la grande pièce d'eau, avait attiré mon attention par la vigueur de sa végétation. C'était de la lèche et une herbe traînant sur le sol, à feuilles rondes, semblable au cresson, qui fréquente toujours les sources d'eau fraîche.

La végétation était à peu près la même à la source du *Jétoire*. Toute la différence que je remarquai, c'est que le sol était taché et couvert d'un limon jaune, ce qui annonçait une eau ferrugineuse.

A la source de la *Grille*, le sol était particulièrement humide, dans nne étendue de quatre à cinq mètres de diamètre. Cette humidité permanente attestait que l'eau était peu éloignée.

J'étais appelé, dans le département de l'Aisne, par une commune entièrement privée d'eau. Un habitant de cette commune s'était même décidé à faire des recherches et avait réussi à trouver quelque peu d'eau ; mais elle n'était ni assez abondante ni assez élevée pour pouvoir être employée utilement. Je lui fis observer le défaut capital qui résultait de la position. — Plus vous travaillerez, ajoutai-je, moins vous aurez d'eau, parce que vous n'êtes pas à la naissance de la source. Le sol est une craie blanche qui retient l'eau difficilement. — Je le conduisis d'un autre côté et lui montrai deux places où il y avait de l'eau, sur un point plus élevé, et qui devait être plus abondante. En effet, les deux fouilles réussirent parfaitement.

Il avait travaillé d'abord sur une pente, près d'une vallée sèche où les eaux venaient s'sngloutir. Cette vallée était resserrée entre deux côteaux, et au-dessus d'un des côteaux s'étendait une plaine. Cependant il était vrai qu'un cours d'eau souterrain parcourait cette vallée où il se perdait; tandis que sur le plateau même, et dans un lieu que je découvris, les deux sources, qui ne s'étaient point encore séparées, formaient un petit creux où l'on remarquait cette nuance brune que la vapeur aqueuse donne à la surface du sol.

Il est difficile de trouver de l'eau sur les côteaux, dans le département de l'Aisne, dans ceux du Nord, du Pas-de-Calais et de la Somme. Cependant la ville de Laon, bâtie sur une élévation, est bien approvisionnée d'eau; mais la couche de glaise s'étend sur un lit crayeux qui pénètre à une assez grande profondeur. Le plus souvent, il est rare de trouver de l'eau ailleurs que dans les vallées.

Je revins encore une fois en Suisse.

La ville de Lucerne n'ayant pas assez d'eau pour alimenter ses fontaines, je reçus une lettre du président des travaux publics de cette ville, qui me priait de faire des recherches sur son territoire. J'y rencontrai plusieurs sources qui fournissent de l'eau en abondance. Les deux plus fortes sont situées au pied du mont Pilâte, d'où venait déjà une partie de l'eau de la ville, mais en petite quantité. J'en découvris plusieurs autres dans une direction différente. La ville de Lucerne possède maintenant une large provision d'eau pour remplir ses fontaines.

Les deux plus fortes sources ont coûté beaucoup moins de peines et d'efforts pour les découvrir que les autres. Elles se dénonçaient pour ainsi dire elles-mêmes. Elles étaient situées dans un petit bois, l'une sur la lisière. A cette place, on ne rencontrait ni arbres ni plantes, aucune trace de végétation; le sol était stérilisé par un courant d'eau souterrain. Et cette stérilité extraordinaire n'attirait l'attention de personne; quand les sources furent découvertes, à deux mètres de profondeur, l'absence de la végétation fut expliquée.

Or, il arrive souvent que la même cause, la présence de l'eau, produit des effets contraires; c'est-à-dire l'abondance et la richesse de la végétation. Ici, la stérilité; là, la fécondité du sol, peuvent également être produites par un courant d'eau souterrain. C'est la nature du sol qui explique cette contradiction singulière; il faut toujours l'étudier avec attention. Les qualités diverses de l'eau peuvent aussi contribuer beaucoup à l'explication. Nous reviendrons sur ce sujet dans la notice que je consacrerai à la qualité de l'eau.

Le 5 décembre 1857, au nom de la municipalité de la ville de Lucerne, le président de la commission des travaux publics de cette ville, *s'est fait un plaisir et un devoir* de me délivrer un certificat contenant l'exposé de ces découvertes et de leurs résultats, *obtenus dans un temps de grande sécheresse* où une masse de fontaines étaient taries. Au sommet du Rhigi existe un hôtel qui manquait d'eau. Je fus chargé de faire des recherches dans les alentours de l'hôtel. Je gravis la montagne pendant quatre heures avant d'arriver au sommet. Je fus bientôt assuré qu'on pourrait trouver de l'eau en quantité suffisante. Cependant il paraissait fort improbable de trouver de l'eau au sommet de la montagne.

Or, la pente d'où la terre végétale s'était détachée laissait voir à nu les différentes couches de rocher. Ainsi je pus distinguer plusieurs couches de terrain et de glaise superposées. La première couche de glaise, peu compacte et inclinée, laissait descendre l'eau par filets jusqu'à la seconde couche, imperméable.

J'allai ensuite à Zurich, dont les fontaines ne produisaient pas assez d'eau. Invité à faire des recherches par le président de la commission des travaux publics de cette ville, j'explorai les environs, accompagné des principaux magistrats. Je désignai une assez grande quantité de sources, et je séjournai pendant l'exécution des travaux. En ma présence, on obtint plusieurs résultats. Puis je confiai la direction des travaux qui restaient à faire à une personne qui parlait le français et l'allemand, car il y en avait pour plusieurs années ; le nombre des fontaines à approvisionner étant assez considérable. J'abandonnai les autres travaux à l'interprète avec d'autant plus de sécurité que j'avais moi-même exécuté les fouilles les plus difficiles et les moins favorables, en apparence, quant au produit. Il y en avait trois, toutes situées dans une forêt et remarquables par les indices que je trouvais toujours dans les terrains plantés d'arbres.

A Colombie (canton de Neuchâtel), un propriétaire d'usines manquait souvent d'eau pour les faire fonctionner régulièrement ; il en éprouvait un grand préjudice. Je rencontrai plusieurs endroits qui me paraissaient renfermer de bonnes sources, pouvant être dirigées dans le lit du ruisseau qui faisait mouvoir ses usines. A sa prière, je consentis à surveiller les travaux. Bientôt deux belles sources doublèrent le volume de l'eau contenue dans le ruisseau.

Une de ces sources se trouvait sur un point assez élevé, dans une petite plaine qui formait le sommet d'une montagne. Ce plateau, composé de terre arable, était livré à la culture. Mais sur ce point la végétation était maigre et faible, quoique le sol fut noir. L'eau ne devait donc pas être profonde. En effet, on la trouva en abondance à deux mètres de profondeur.

La seconde source n'était plus dans la même position. Elle se trouvait sur une pente, près d'un petit vallon, où le courant s'enfonçait et se creusait une voie sous le lit d'un petit ruisseau, auquel il communiquait quelquefois ses eaux. Il arrive souvent que les eaux des sources se perdent dans des circonstances de ce genre et par des causes semblables.

Les plantes qui végétaient à la surface de ce terrain indiquaient suffisamment l'existence de cette source. C'étaient des roseaux, rien que des roseaux, mais fort élevés. L'eau devait donc, selon mon opinion, être aride et froide, mais peu profonde. Je ne me trompais sur aucun point, ainsi que le prouve le certificat, daté du 26 avril 1858, qui déclare le ***résultat satisfaisant***, malgré la sécheresse exceptionnelle qui venait d'épuiser l'eau de toutes les sources.

Je fis aussi des recherches pour un avocat de Neuchâtel, afin d'amener une plus grande quantité d'eau dans la fontaine d'un domaine qu'il possède près de Gorgier. Ces recherches eurent tout le succès désirable. Dans un endroit, l'eau devait être bonne pour les usages de la maison, et dans un autre endroit, je lui déclarai que l'eau était tuffeuse. Après l'achèvement des travaux, il reconnut que j'avais raison; dans la source dont je m'étais défié, il avait rencontré un ancien conduit tout couvert et tout obstrué par le tuf, de manière qu'il interceptait complétement le cours de l'eau. On sait comment je pouvais apprécier ces différences de qualité.

Des roseaux et une mousse blanche prouvaient que l'eau n'était pas d'une bonne qualité; tandis que l'autre source n'offrait que des plantes salutaires et d'une végétation fortement prononcée; principes invariables d'une application générale.

M. de Pierre, à Troiron, aussi canton de Neuchâtel, avait une petite fontaine dont l'eau ne tombait plus que goutte à goutte. Je lui trouvai une source, peu profonde, dans un champ planté de pommes de terre. Les tiges des pommes de terre, généralement vertes, étaient flétries en cet endroit seul.

Chez M. Pourtalès, à Neuchâtel, j'indiquai une source capable de fournir de l'eau à une ou deux fontaines. Une vigne s'élevait à deux mètres de distance de ce lieu, et les ceps périssaient toujours en cet endroit.

Avant de terminer cette nomenclature qui, je m'en aperçois, pourrait devenir monotone, je dois répéter ce que j'ai déjà dit : — Que je suis loin de mentionner le plus grand nombre des découvertes que j'ai faites. Dans le nombre, j'ai dû choisir les plus remarquables par les circonstances et les enseignements qu'elles renferment.

Encore un ou deux exemples de cette espèce, et je terminerai ce livre par quelques notices, résumant en quelques mots les principes généraux qui m'ont servi de guide.

Je fus appelé chez M. d'Assy, à Bruyère-le-Châtel (Seine-et-Oise). Je trouvai une source abondante et peu profonde dans son potager. Cette source faisait périr ses arbres et paralysait la végétation. Ni lui ni le jardinier ne savaient à quelle cause attribuer ces désastres. La végétation d'une mousse verte traçait la ligne de parcours de cette source.

Un meunier du département de l'Oise, propriétaire d'une usine considérable, manquait souvent d'eau pour la faire fonctionner. Quand j'arrivai, le moulin était dans un repos absolu, dans une inaction forcée. Je fis des recherches qui aboutirent à un bon résultat. Les ouvriers, mis à l'œuvre immédiatement, trouvèrent une source abondante à un mètre soixante centimètres de profondeur ; elle put remplir le ruisseau, dont elle n'était éloignée que de trente mètres, et elle avait assez de pente pour arriver au lit du ruisseau, presque à sec. Le moulin sortit enfin d'un repos trop prolongé.

Cette source venait d'un côteau sur lequel s'étendait une belle plaine. C'était un terrain crayeux. Sur le versant où je pris la source, je rencontrai un coin de terre qui ne produisait que des plantes marécageuses et dont le sol paraissait pourri.

Le certificat, délivré par la mairie d'Oudenis, déclare que depuis plus d'un an le moulin ne pouvait plus fonctionner, à aucune époque de l'année (14 avril 1859).

M. Leprince, propriétaire à Sèvres, avait fait construire une maison de campagne, mais il avait besoin d'eau pour arroser son jardin potager. En arrivant dans son domaine, je dis au propriétaire : — Vous avez de l'eau ici, à quatre mètres de profondeur, et d'un beau volume. — La source, en effet, répondit à mes espérances.

Elle était située sur une position élevée, environnée de collines. L'endroit même où gisait la source était marqué par la verdure de la mousse. A dix mètres de distance, on n'aurait point trouvé d'eau.

Les habitants de la commune de Perrigny, à deux kilomètres environ de Lons-le-Saulnier,—un des plus beaux vignobles du département du Jura, situé au pied d'une montagne assez élevée, — n'avaient point assez d'eau pour leur usage. On n'est jamais, dit-on, prophète dans son pays. Cependant, à Perrigny, on eut assez de confiance en moi pour me charger de la mission de chercher quelques sources dans les environs de ce village. L'abbé Paramelle avait déjà désigné deux places que nous allâmes visiter d'abord. Je déclarai, après examen, qu'on pourrait peut-être trouver de l'eau dans ces endroits; seulement je les prévins que l'eau ne serait pas claire, surtout quand il tomberait la moindre averse, parce que cette eau, venant d'un point plus élevé, passait entre la terre végétale qu'elle détrempait et la glaise.

J'espérais trouver la naissance de la source au pied du rocher. Je pris pour me guider la ligne tracée par le passage de l'eau, au moyen de la végétation, que je remarquais de distance en distance. Je remontai, sur ces traces, presqu'au sommet de la montagne, et m'arrêtai sur un point où cette végétation se développait plus énergiquement, au milieu de rochers calcaires. Ce fut cet endroit que je marquai pour faire les fouilles.

Les rochers, reposant sur un banc de terre glaise, formaient là un creux où la glaise était plus affaissée et la végétation marécageuse plus prononcée.

Les dernières pages de ce livre appartiennent naturellement à la relation du fait suivant :

Au moment où j'arrivais au but que je m'étais proposé, en commençant le récit de mes courses aventureuses, le maire de la ville de Lons-le-Saulnier, chef-lieu du département du Jura, me chargea de chercher une source pour suppléer à l'insuffisance des fontaines de cette ville.

Déjà plusieurs tentatives et plusieurs explorations avaient été faites sur divers points, sans satisfaire aux conditions exigées.

Non loin de la ville, j'en indiquai une que je connaissais et qui pouvait largement remplir le but qu'on se proposait, car elle devait produire, en temps ordinaire, de quatre à cinq cents litres ar minute.

Les travaux furent aussitôt entrepris ; mais, contrariés par des pluies incessantes, ils furent lentement poursuivis. — C'était pendant l'été de 1860. — Il fallait creuser de quatre à cinq mètres dans un terrain composé de rochers calcaires que les ouvriers avaient beaucoup de peine à entamer, à briser et à arracher.

Arrivés à quatre mètres de profondeur, l'abondance des eaux, dont ils ne purent se débarrasser malgré le secours des pompes, les força d'abandonner les travaux inachevés, jusqu'à ce que le fossé d'écoulement put offrir une issue à ces eaux, profondes d'un mètre à peu près.

Cette source remarquable était située au bas d'une vigne, au fond d'un chemin creux, espèce de ravin pierreux, aboutissant dans des prairies, où la source se répandait par plusieurs issues, surtout dans les temps pluvieux. Evidemment, elle prenait naissance sur la rampe d'une montagne boisée, formant la première assise de la chaîne du Jura. Ces eaux, resserrées entre divers mamelons, s'étaient réunies en cet endroit ; il était facile de remarquer qu'elles ne pouvaient trouver ailleurs un passage. Les terrains surexhaussés qui l'environnaient leur formaient une espèce de bassin où elles se rassemblaient, avant de se perdre dans un ruisseau arrosant les prairies.

La nature et la disposition des lieux auraient suffi pour indiquer la source, si elle ne se trahissait déjà par des courants circulant dans un pré.

Il fallut enfin en venir à l'opération que j'avais conseillée depuis longtemps, pour achever les travaux : c'est-à-dire à creuser un fossé d'écoulement en remontant vers le puits de la fouille. J'espérais que, dans le trajet que l'on avait à faire pour arriver au but, en creusant à deux et trois mètres de profondeur, on rencontrerait la source qui avait déjà donné beaucoup d'eau à la première fouille. Après quelques jours de travail, et avant d'être parvenu au point vers lequel on se dirigeait, l'eau jaillit tout à coup sous la pioche avec une force telle qu'elle fit reculer les ouvriers. Bientôt le courant, formant un ruisseau rapide, servit à déblayer son lit, en entraînant avec lui le sable et les pierres. Enfin, on arriva à la couche imperméable, à la marne ou argile qui composait le lit sur lequel les eaux couraient.

J'ai rencontré rarement une source aussi belle, aussi abondante, une eau aussi limpide. En ce moment, elle pouvait bien contenir *douze cents* litres à la minute. En tenant compte des eaux auxiliaires que la pluie y versait souvent, elle pouvait descendre à six cents litres ; mais j'étais sûr qu'en temps ordinaire, elle ne descendrait pas au-dessous de quatre cents litres, et que, dans les plus grandes sécheresses, il était impossible qu'elle pût tarir. Sa limpidité prouvait sa pureté ; la longueur de son parcours et la profondeur à laquelle elle descendait, à son origine surtout, étaient pour moi autant de garanties contre de trop brusques variations.

Je ne crains pas de dire que ce succès était immense. Mesurée par ordre des autorités de la ville, dans un temps où les eaux pluviales s'étaient toutes retirées, on trouva la quantité de six cent vingt-cinq litres à la minute. Mesurée plus tard, après quelques jours de gelée, elle fournit deux cents litres de plus. Et je suis certain que, si l'on complétait les travaux, son magnifique produit augmenterait encore.

Avant de terminer, je crois devoir soumettre une idée à l'attention et à l'examen des pouvoirs municipaux.

Cette observation, que je crois utile et propre à produire de bons résultats, s'adresse surtout aux localités où l'eau des fontaines n'abonde pas assez pour la prodiguer, et qui trouveraient un avantage à l'économiser.

Voici ce qui arrive pour toutes les fontaines publiques : Les eaux qu'elles versent dans leurs bassins, depuis dix ou onze heures du soir, jusqu'à une certaine heure du matin où les habitants viennent en chercher, sont perdues pour la consommation.

Ne pourrait-on pas les retenir, les conserver, pendant ces heures de nuit où personne n'en profite, et lâcher le lendemain leur masse recueillie? Ne pourrait-on pas, dans ce but, établir, à la prise d'eau, un immense réservoir pour contenir ses eaux qui s'écoulent pendant la nuit, et, au moyen d'un système de conduits et de robinets, les relâcher à volonté à toute heure, surtout en cas d'incendie, où l'on trouverait ainsi une réserve précieuse par son abondance. Les habitants, prévenus de cette mesure, n'auraient qu'à faire leur provision d'eau pour la nuit, avant l'heure fixée où elle serait retenue au réservoir commun.

Je n'ai pas à développer cette idée, dont les hommes pratiques peuvent s'emparer.

Volume et profondeur des Sources. — Moyens de les reconnaître.

L'étude géologique du terrain sur lequel on veut opérer est nécessaire pour connaître d'une manière approximative la profondeur de la source et la quantité d'eau qu'elle peut donner. Il est important de se rendre compte exactement de quelles couches et de quelle nature le terrain est composé.

En plaine, l'opération est plus difficile à pratiquer que dans les pentes. Dans la plaine, on ne peut consulter que la végétation des plantes qui garnissent les lieux où l'on présume qu'une source est cachée. Plus cette végétation est vigoureuse, riche, abondante, relativement à celle qui l'avoisine, moins la source est profonde. — Voilà le principe général.

Si cette végétation particulière, qui appartient en propre aux lieux où l'eau se trouve toujours, visible ou cachée, couvre un espace d'une certaine étendue, la source doit être abondante ; ses eaux étant plus nombreuses ont naturellement plus d'influence, plus de puissance sur la végétation du sol.

Néanmoins, si la prairie mesurait une grande surface de terrain remplie tout entière de cette végétation aquatique, il serait absolument inutile d'y faire des recherches, parce qu'on n'y trouverait que de faibles suintements, de l'eau stagnante qui exigerait plutôt l'opération du drainage. Là, le terrain imperméable ne forme point une couche assez épaisse pour retenir et réunir les eaux.

J'ai rencontré plusieurs fois des chercheurs de sources, armés de la baguette divinatoire. Quand ils arrivaient sur un emplacement où leur fourche de coudrier tournait avec plus de rapidité, ils s'arrêtaient en disant : *C'est ici qu'on trouvera la source!* — Pour mesurer la profondeur, ils marchaient en reculant, et le nombre de pas qu'ils faisaient en marchant de cette manière, toujours pendant que leur baguette tournait, donnait le nombre de pieds à creuser pour trouver la source. — Ajoutons que ces opérations, qui ont survécu à tant de révolutions, tendent chaque jour à disparaître ; la science les remplace avantageusement.

J'ai remarqué que la neige fond promptement dans les endroits où se trouve des sources souterraines, et que quand elle tombe en certaine quantité, elle a plus de peine à prendre pied. Le terrain environnant en est déjà couvert, que là il est encore nu. Quand toutes ces remarques sont fortifiées par toutes celles que fournissent la végétation et la position locale, on est sûr que la source n'est pas profonde. Si l'on ne trouve aucun de ces témoignages, l'eau est à une grande profondeur. Quand les sécheresses absorbent ou tarissent les cours d'eau souterrains, ceux-ci n'offrent point à l'investigation les indices que j'ai signalés.

Dans les régions élevées, au milieu des montagnes, il est plus facile d'apprécier à quelle profondeur l'eau est enfouie que dans les plaines, parce que les couches du terrain se manifestent presque sans obstacles aux yeux exercés de l'observateur. Ainsi, on peut facilement s'assurer s'il existe des couches imperméables, de quel côté elles s'inclinent, etc. Toutes ces études sont utiles pour mesurer le volume et la profondeur d'une source. — Quand les côteaux ont une assez grande surface, et que leurs couches s'inclinent vers le même point, on peut être sûr de trouver une source assez abondante, les eaux suivant forcément la pente du terrain qui leur sert de lit.

Mais quand les couches varient dans leurs inclinaisons, quand l'une descend d'un côté et l'autre d'un autre côté, les eaux se divisant selon l'impulsion que leur courant reçoit, la source doit être moins abondante.

Dans les montagnes, et sur les côteaux où le calcaire domine, on peut calculer la profondeur mieux que dans les terrains argileux, toujours à cause de l'inclinaison des couches.

Si, après avoir examiné un des versants du côteau, vous remarquez des couches de glaise ou de marne grosse, s'inclinant sur une pente douce, suivez-les dans leur direction, cherchez si la végétation ou les autres indices que j'ai signalés plus haut se montrent quelque part sur cette pente; si vous avez le bonheur de trouver toutes ces circonstances réunies, vous trouverez l'eau que vous cherchez à l'endroit même, mais toujours sur la glaise ou toute autre couche imperméable.

Dans ces cas, la profondeur se mesure à l'épaisseur des couches du terrain perméable, c'est-à-dire du terrain que l'eau traverse. La distance qui sépare la couche supérieure du sol de la surface du lit d'argile, est exactement la profondeur de la source.

Bien des personnes se sont occupées de la recherche des sources ; mais le plus souvent, elles se sont laissé guider par la routine, sans tenir compte des enseignements élémentaires de la géologie. C'est presque toujours dans les vallées qu'elles espèrent trouver des sources, supposant à tort que les eaux des montagnes doivent y descendre naturellement et s'y accumuler.

Voici ce qui arrive le plus souvent :

Les eaux qui descendent des montagnes, quand elles ne rencontrent pas des réservoirs le long de la rampe, vont se perdre au fond des vallées et descendent à des profondeurs où il n'est pas possible de les atteindre. Il est donc plus rare qu'on ne croit de trouver une source peu profonde dans les vallées qui ne contiennent pas visiblement de petites sources, ou au moins une certaine humidité. On y pourrait à peine creuser des puits, qui seraient très-profonds.

J'ai eu souvent l'occasion de remarquer, dans des positions semblables à celles dont je parle, que des fouilles exécutées sur les indications de l'abbé Paramelle n'avaient pas réussi.

Ces exemples ont servi à mon instruction et m'ont engagé à prendre des précautions qu'il avait lui-même négligées, et sans lesquelles on ne peut espérer le moindre succès : c'est-à-dire de consulter la végétation, la nature des produits du sol, aux lieux où l'on suppose l'existence d'une source, et d'examiner avec attention les différentes couches du terrain sur lequel on veut opérer.

Quand on rencontre sur certains points élevés, au-dessus de la plaine et des vallées, une terre noire, et même de la tourbe, on peut espérer de trouver de l'eau ; mais le plus souvent, ce sont des eaux stagnantes, peu profondes, mais étendues sur une grande surface, qui ne valent rien, ni pour la boisson, ni pour l'irrigation.

Qualités de l'eau des Sources. — Moyens de les reconnaître.

Les personnes qui, jusqu'à ce jour, se sont appliquées à chercher des sources, n'ont jamais eu l'idée qu'on pouvait réussir à connaître la qualité des eaux avant les fouilles et la découverte.

Cependant, on comprend combien cette question est importante ; combien il serait utile de la résoudre avant de commencer les travaux ?

L'eau de la source existant sous nos pieds sera-t-elle bonne à boire, ou bonne seulement pour être employée à l'irrigation ? Ou bien est-elle privée de l'une et de l'autre de ces qualités ?

Ce dernier cas bien constaté, on s'épargnera des travaux et des dédenses inutiles. Si l'on ne peut se rendre compte des qualités de l'eau, c'est le plus souvent faute d'attention.

Par exemple, on a besoin d'une source pour arroser champs ou prairies, mais on est exposé à trouver une eau dure qui fait périr l'herbe de bonne qualité et n'en produit que de la mauvaise, quand elle n'arrête pas toute végétation. Alors, il faut à tout prix s'en débarrasser : nouveaux travaux, nouveaux frais ! Où la conduire ? Dans une propriété étrangère, où l'on repoussera avec raison ce funeste cadeau.

Il est donc essentiel de connaître d'avance quelle espèce d'eau on aura. La qualité est donc aussi importante à constater que l'existence même de la source !

A quels moyens faut-il donc avoir recours pour résoudre ce problème ? Toujours aux mêmes que l'on a employés pour trouver la source : à la végétation et à la couleur du sol qui la recouvre.

Ainsi, quand vous apercevez des roseaux, sur un terrain marbré de taches jaunes, sans qu'une goutte d'eau mouille le sol, on est sûr que l'eau que l'on trouvera sera la plus mauvaise pour l'irrigation et ne vaudra pas mieux pour le bétail.

Les eaux *pétrifiantes* (eaux minérales terreuses), qu'on ne peut employer à rien, nuisent également à la santé de l'homme et des animaux domestiques. Voici à quels signes on reconnaît cette nature singulière de l'eau. Quand le regard exerce toute son activité, toute sa vigilance, il découvre une herbe menue, traînant sur le sol, et garnie d'une mousse blanche qui s'attache également aux feuilles. En les touchant avec le doigt, il semble que ces feuilles sont saupoudrées de sables. Quand on rencontre sur le sol de ces taches nues, stériles, abandonnées par la végétation, on est sûr de ne trouver que de l'eau pétrifiante.

Quant aux eaux propres à servir à l'irrigation, si l'on trouve une place plus verdoyante, plus riche en végétation que les lieux voisins, fournissant de bonnes plantes, entre autres une petite herbe à feuilles rondes qui ressemble au cresson, on peut être assuré de posséder une eau salutaire. La mousse verte et fraîche indique qu'elle est bonne aussi pour l'irrigation. Et la vigueur remarquable de la végétation indique que l'eau n'est pas profonde; car moins elle est profonde, plus son action est puissante.

Dans les endroits où se trouvent des sources d'eaux ferrugineuses, propres à servir aux bains, on remarque sur le sol des taches formées d'une crasse de rouille d'un jaune foncé, où l'herbe ne peut croître; on y rencontre particulièrement l'épine noire, garnie d'une petite mousse, jaune dans le bas et blanche au-dessus. La végétation est toujours rare dans les lieux qui récèlent des eaux ferrugineuses. Elles sont peu profondes et se trouvent toujours dans un terrain glaiseux et comme pourri.

J'eus occasion de reconnaître les eaux thermales dans la chaîne des Alpes. Je fus appelé à Louëche-les-Bains (Valais), où la commune même possède une belle source. C'était un propriétaire qui m'avait appelé; il désirait vivement trouver, sur son terrain, une source semblable, pour l'exploiter à son profit.

J'étudiai donc là la nature des eaux thermales; aussi je reconnus qu'on ne pouvait les rechercher avec les mêmes procédés que j'employais pour la découverte des sources ordinaires.

On comprend cette différence quand on sait que ces eaux jaillissent, s'élèvent, comme les eaux des puits artésiens, par leur propre force d'impulsion, de profondeurs qu'on ne saurait peut-être calculer et que mon expérience n'a pu deviner : profondeurs qui les rapprochent du feu central à qui elles empruntent leur calorique.

Je renvoie aux savants la responsabilité de cette explication, si elle ne plait pas à tout le monde!

La source des bains de Louëche est située au sommet d'une montagne, dans le voisinage d'un glacier. Sur ce sommet, à côté de la source qui fournit ses eaux aux bains, on voit sourdre encore de petits jets d'une eau chaude, mais qui ne possède pas le degré de température nécessaire pour être estimée des baigneurs. Il paraîtrait que plus la source est forte, plus son eau possède de degrés de chaleur.

La qualité des eaux de sources offre une grande variété, même dans des sources situées à peu de distance l'une de l'autre et renfermées dans la même propriété.

A l'appui de cette assertion, je citerai le domaine impérial de Villeneuve-l'Étang. Les sources que j'ai trouvées dans l'enclos de ce domaine différaient de qualités. Leurs eaux furent analysées par un chimiste de Meaux. Avant de commencer ses opérations, ce chimiste me demanda si je connaissais les qualités de ces eaux ; je lui répondis sans crainte affirmativement. Les six sources découvertes fournissaient des eaux de six qualités différentes ; sur chacune d'elles, j'exprimai mon opinion, que l'analyse justifia. Je lui montrai celle qui était la meilleure à boire et la moins chargée de carbonate de chaux.

Il commença ce travail d'analyse par la source du *Gabioux*. Je répondis à sa question que celle-ci était une eau dure, chargée de carbonate de chaux ; ce qui fut reconnu exact.

L'endroit où je l'avais trouvée ne produisait que des joncs et des roseaux.

La seconde, dite la source du *Jétoire*, était ferrugineuse, l'analyse le prouva. Celle-là m'avait été indiquée par la présence d'une petite mousse jaune, avec des taches de même couleur sur le sol. En pratiquant les fouilles, on avait rencontré un terrain glaiseux et des plantes marécageuses.

La troisième et la quatrième, dites du *Saule pleureur* et de la *Grille*, étaient les meilleures. Le chimiste déclara que j'avais raison. Aux deux endroits, j'avais trouvé une végétation de bonne qualité, saine et plus vigoureuse qu'aux environs ; l'eau était peu profonde, car elle fut trouvée entre trois et quatre mètres.

Deux autres, situées à peu de distance, étaient un peu plus chargées de carbonate de chaux, mais moins que celle du *Gabioux*. Les plantes annonçant la présence des eaux chargées étaient en plus petit nombre.

Le chimiste, ayant terminé ses opérations, déclara que je ne m'étais point trompé dans son rapport, dont un journal de Meaux fit mention à cette époque.

Je dois ajouter que dans les environs de Paris et de Versailles, on ne trouve généralement que des eaux chargées et dures. J'explique cela par la raison qu'il n'y a presque, en sous-sol, que du sable d'une couleur rouge et jaune, mêlé d'argile. Dans les terrains de cette nature, les eaux sont toujours un peu ferrugineuses ou chargées. En quelques rares endroits, on peut encore trouver une eau potable : — car j'ai trouvé moi-même, à Montretout, commune de Saint-Cloud, une belle source, d'une bonne qualité. Là, je n'avais point rencontré de sable argileux, mais un terrain mêlé de calcaire, où la végétation ne fournissait qu'une mousse verte qui tapissait la surface du sol.

A Saint-Cloud même, j'en trouvai une autre, chez M. le comte de B..., au milieu de son parc, à deux mètres de profondeur. Celle-là était cachée dans des rochers, mais elle se montrait par l'herbe et la mousse verte, absentes aux environs, et qui témoignent de la bonne qualité de l'eau.

Quand les sources se trouvent trop profondes, la végétation ne dit rien sur la qualité de l'eau, surtout si les terrains sont trop compacts, si les pores de la terre qui forme le sol sont trop serrés.

Dans les rochers calcaires dont les couches ne sont pas trop étroitement liées, il est assez facile de la reconnaître. Les eaux qui sortent des rochers calcaires sont presque toujours les meilleures. Cependant il arrive qu'elles sont tuffeuses et pétrifiantes.

Dans les pierres crayeuses, dans les marnes blanches, crayeuses aussi, les eaux des sources sont bonnes à boire ; mais elles valent moins pour l'irrigation, parce qu'elles sont trop froides en été, ce qui nuit à la végétation.

On trouve les meilleures eaux pour l'irrigation dans la pierre bleue, approchant du noir, qu'on rencontre assez souvent dans les montagnes du Jura et de la Bourgogne. Aussi ces régions possèdent les meilleures eaux pour l'irrigation, en fait d'eaux de sources.

On en trouve encore dans le Dauphiné et le département de l'Ardèche.

Dans les contrées où domine la mollasse, on trouve rarement de l'eau bonne pour l'irrigation. Les roseaux annoncent que l'eau est tuffeuse. Le centre de la Suisse renferme beaucoup de mollasse.

DU DRAINAGE.

J'ai promis de fournir au lecteur les renseignements que j'ai recueillis et les observations que j'ai faites moi-même sur cette importante opération : j'acquitte ma promesse.

Longtemps avant de commencer mes premiers travaux pour la découverte des sources, je m'étais occupé de l'assainissement des terres, surtout des vignes, par le moyen du *drainage,* nom qui était à peu près inconnu alors. Vers 1823, j'exécutai, en pierres, un canal dans un terrain qui m'appartenait. Ce canal existe encore aujourd'hui, sans avoir été renouvelé depuis cette époque. Inutile d'ajouter qu'il remplit parfaitement son but.

Après quinze années de voyages et d'études sur la science de l'hydroscope, je crois pouvoir avancer, sans présomption, que je me suis suffisamment perfectionné, et que mes opérations, entreprises pour la recherche des sources, ont servi beaucoup à mon instruction. Je suis convaincu maintenant que l'art de reconnaître et de découvrir les sources est non-seulement utile, mais indispensable, pour opérer convenablement les assainissements qui sont le but du drainage. Je ne pense pas que cette vérité si simple puisse être contredite.

En effet, comment peut-on pratiquer utilement le drainage, si l'on ne connaît pas l'endroit où prennent leurs sources les eaux que l'on veut réunir et faire écouler? Aussi beaucoup d'entrepreneurs passent des marchés pour exécuter ces travaux, sans savoir s'il y a plus ou moins d'eaux dans un endroit que dans un autre, et à quelle profondeur elles se trouvent.

Je puis citer à ce sujet un exemple assez remarquable que j'ai eu sous les yeux :

Dans le domaine impérial de Villeneuve-l'Etang, en dirigeant des travaux pour procurer de nouvelles sources à ce domaine, nous avons rencontré un passage de drains placé directement *au-dessus* de la plus forte de ces sources. Les tuyaux du drain se prolongeaient dans un terrain qui n'offrait aucune humidité. Cependant la source abondante qui s'écoulait au-dessous, à un mètre en contre-bas, prouvait que le drainage avait été mal conçu et mal exécuté, puisqu'il laissait l'eau continuer librement son cours.

Le premier drainage que j'ai pratiqué, dans des contrées même où l'on n'en parlait pas encore, ce fut à Nyon (canton de Vaud).

Un riche particulier possédait un domaine où il avait à combattre l'humidité du sol. Malgré ses efforts et les soins de la culture la mieux entendue, ses récoltes étaient médiocres. Il avait entendu dire que le drainage pourrait assainir ses terres; mais il ne savait comment s'y prendre pour pratiquer convenablement cette opération. Il eut l'idée d'avoirs recours à moi et me raconta ses malheurs. Après avoir écouté ses explications, sachant qu'il ne reculerait pas devant les dépenses, je commençai à lui faire observer que l'humidité dont il se plaignait devait provenir de deux causes : ou de sources cachées, ou des eaux pluviales ; qu'il fallait savoir avant tout quelle cause on avait à combattre.

Après avoir examiné le terrain de cette propriété, je reconnus la présence de plusieurs petites sources qui répandaient leurs eaux dans les terres par des écoulements plus ou moins profonds. Je lui appris comment il fallait faire le travail ; je désignai l'emplacement où l'on devait prendre chacune de ces petites sources, et leur profondeur. On commença les travaux de celle qui était la plus profonde, car on pouvait espérer de faire tomber les autres dans celle-là ; ce qui simplifiait le travail.

Comme on ne trouvait pas encore de drains dans ce pays, je conseillai de faire dans cette première source, qui devait recevoir les autres, un canal en pierres, au moins de vingt centimètres de diamètre, en ayant soin surtout de prendre la source exactement au point de sa naissance, à la profondeur nécessaire. Pour les autres petits canaux qui devaient aboutir dans le premier, toujours en pierres, il n'était pas nécessaire de les creuser aussi profondément. La pierre est abondante dans ces pays, et j'estime que le drainage se fait aussi bien avec la pierre. — Les travaux entrepris et exécutés de cette manière réussirent parfaitement à assainir ces terres.

Il faut bien remarquer que tous les terrains n'exigent pas que le drainage soit pratiqué uniformément de la même manière. Mais il est indispensable de connaître préalable-

48

ment, par l'étude du terrain, où les sources cachées prennent naissance, et ne pas se tromper sur la profondeur.

Dans les terrains plats, dans les plaines d'une grande étendue, qui souvent ont le plus besoin d'être drainées, et où les drains auraient à parcourir une trop grande distance pour enmener les eaux qui nuisent au sol, il est un autre moyen que l'on pourrait employer dans ce but et qui épargnerait beaucoup de dépenses. Il s'agirait, dans ces cas, de creuser des *puits perdus* à travers la couche argileuse qui retient les eaux pluviales et rend le sol marécageux. A ces puits perdus aboutiraient une foule de canaux d'assainissement, recueillant les eaux stagnantes sur leur parcours.

Ce moyen serait, je crois, utilement employé dans une grande partie de la Bresse, de la Dombes, empoisonnée par des plaines marécageuses, où l'eau est un fléau que l'on n'a pas encore pu parvenir à combattre.

Ce mode d'assainissement pourrait encore être avantageusement employé dans certains pays de montagnes qui renferment des plaines et de petits vallons marécageux.

Cette fois, je prends décidément congé du lecteur, à qui j'ai communiqué tous les secrets connus jusqu'à ce jour, au moins par moi, de l'art de découvrir les sources.

FIN.

SÈVRES. — TYP. ET LITH. DE L. LEFÈVRE ET Cie.

www.ingramcontent.com/pod-product-compliance
Ingram Content Group UK Ltd.
Pitfield, Milton Keynes, MK11 3LW, UK
UKHW020225220726
13923UKWH00002B/521

9 782019 223526